エンジニアリング・デザインの教科書
Engineering Design, A Textbook for Product Design and Development

はじめに

　日本の食料自給率（カロリーベース）は38％です[1]。また、エネルギー自給率に至ってはわずか7％しかありません[2]。いうまでもなく、食料とエネルギーを輸入できなくなれば、わが国は存続できません。そして、輸入するためにはお金が必要です。

　ところで財務省貿易統計に示される平成28年（2016）の輸出は[3]、17兆3380億円が自動車などの輸送用機器、13兆6135億円が一般機械、12兆3225億円が電気機器、7兆8466億円が鉄鋼や非鉄金属などの原料製品、7兆1228億円が化学製品、2兆1328億円が科学光学機器であり、総額70兆358億円のうち60兆2895億円をエンジニアリング製品が占めています。日本は、エンジニアリングがあるから、食料もエネルギーも輸入できるのです。

　韓国や中国の経済発展により、2000年代に入って世界市場における日本製品の市場占有率は低下傾向にあります。さらに、福島の原子力発電所事故、昨今の大手電気メーカーの業績不振、材料メーカーの性能偽装などもあり、ジャーナリズムの一部は「ものづくり神話の崩壊」「技術立国の凋落」と日本エンジニアリングの終末論を煽っています。ですが、私にいわせてもらえば、ものづくり神話も技術立国も彼らが作り出した幻影です。信じる人たちの虚栄心は満たされますが、有益なものを生み出すわけではありません。終末論もまた、それを掲げるジャーナリズムには利益をもたらすかもしれませんが、センセーショナルなお題目を唱えたところで現状の解決にはなりません。

　エンジニアリングは、クライアントのニーズを的確につかみ、それを満足させるデザインを作り上げる技術であり、理論であり、方法論です。そしてエンジニアリング製品の製造には、自動車にも、電気製品にも、プラスチック材料にも、「設計（デザイン）」が必要です。そのデザインを作るプロセスが、エンジニアリング・デザインです。

　エンジニアリング・デザインのプロセスでは、

クライアントが何を求めているのかを探り、
　課題を解決するためのアイデアを発想し、
　要求を満足させるプランを練り上げ、
　製品の企画を立案し、
　求められる機能と性能と使用時の使いやすさを組み入れ、
　信頼性と安全性を作り込み、
　製造ミスをなくせるよう工夫し、
　リサイクルを考え、

デザイン（設計情報）を作ります。
　日本製品は、このデザイン・プロセスが優れているから、世界から評価を得ることができました。ですから、これからのさらなるデザインのためには、エンジニアリングを支えるエンジニアの、デザインに携わるチームの、製品を作るメーカーの、そして開発製造を支える産業界の、エンジニアリング・デザイン力の向上が必要です。

　この本を執筆した動機は3つあります。
　第1は、エンジニアを志す人たちに、製品やシステムをどうデザインするかを考えてもらいたいからです。デザインは、自分で作らなければ上達しません。さらに、優れたデザインを作るためには、デザインの進め方を学ぶ必要があります。設計情報を作るためには、どのような情報を集め、どう反映するか。先人たちは知恵を集め、工夫を重ねてきました。それらを学び、活用できるようになれば、よりよいデザインを作り、さらにはよりよいデザインの進め方を考えられるようになります。
　第2は、エンジニアリング以外のモノやサービスを作る方々にも、この優れた製品デザインの方法論を活用してもらいたいからです。1章で論考するように、製品であろうとサービスであろうと、デザインのプロセスは類似しています。ですから、エンジニアリングの分野であろうとそれ以外の分野であろうと、デザインにおける考え方や意思決定のやり方に本質的な違いはありません。いいかえれば、日本メーカーの優れたエンジニアリング・デザイン・プロセスは、エンジニアリング以外の業務にも展開し、役立てることができます。これによって業務と、そのアウトプットのクオリティ向上を図れます。

はじめに

　そして第3は、日本にはエンジニアリング・デザインの教科書がないからです。

　もともと Engineering Design は、1980年代の日本製品の躍進による製造業の衰退に危機感を抱いたアメリカでの研究から始まりました。どうやって日本製品が高い品質を獲得したのか。どのように高い信頼性を実現したのか。40年前の戦争で徹底的にたたきのめした国が、20年前（1960年代）に「安かろう悪かろう」の代名詞であった"Made in Japan"を作っていたメーカーが、なぜ、これほどまでに優れた製品を作るようになったのか。その理由をアメリカの研究者たちは探ろうとしました。

　そして彼らは、メーカーにおけるOJT（On the Job Training：実務を通じた業務能力トレーニング）と、設計段階と製造段階の密接な連携による品質の作り込み、すなわちエンジニアリング・デザインに、日本製品の秘密があると考えました。[4]しかしアメリカのメーカーでは人材の流動が激しく、エンジニアの育成に力を注ぐことができませんでした。そこで大学に、エンジニアリング・デザインの研究と、人材の育成を託しました。その結果、英米には多くの教科書があります。

　ところで、欧米の教科書で語られるエンジニアリング・デザインは、わが国のプロセスとは相違があるように思えます。たとえば、欧米では信頼性は design、品質管理は manufacturing の問題として扱われますが、これらを一体と考えるのが日本流です。ですから、まずは日本流のエンジニアリング・デザインを理解し、さらにそのプロセスを向上させる力をつけてもらいたいと考えました。そのためには、教科書が必要です。

　本書の執筆に際しては、多くのメーカーのエンジニア諸氏よりご指導を賜りました。個別にお名前を挙げることは控えますが、ここに厚く御礼を申し上げます。エンジニアリング・デザイン研究と教育の実践には、松江高専の同僚諸氏、多くの大学・高専の先生方のご指導とご協力を賜りました。研究の推進には、JSPS科学研究費の助成をいただきました。まがみばん氏には本書を親しみやすくする挿絵を多数描いていただきました。上山愛理さんと石田毅さんには説明の鍵となる図表を作成していただきました。MICHE Company 浦田雅子さんには筆者の悪文を推敲し、読みやすいものとしていただきました。そして出版に際しては平凡社西田裕一氏にお世話になりました。厚く御礼申し上げます。

2018年1月

別府俊幸

(1) 農林水産省、日本の食料自給率、http://www.maff.go.jp/j/zyukyu/zikyu_ritu/012.html
(2) IEA, World Energy Balances 2017
(3) 財務省貿易統計、http://www.customs.go.jp/toukei/info/
(4) マイケル・L・ダートウゾス、リチャード・K・レスター、ロバート・M・ソロー、依田直也訳、『Made in America──アメリカ再生のための米日欧産業比較』、草思社、1990

目次

はじめに　3

1. デザインとエンジニアリング

1.1　エンジニアリング・デザインとは　13

- i　モノのためのデザイン　13
- ii　design とは　14
- iii　考え始めてから完成するまでのプロセス　14

1.2　経験と工夫からデザインする　16

- i　エンジニアリングの本質　16
- ii　人間の目的を達成するための、工夫と経験の集まり　18

1.3　科学とエンジニアリング　19

- i　エンジニアリングは課題解決のためにある　19
- ii　科学とエンジニアリングの関係　20
- iii　科学はクライアントのひとり　21

1.4　デザインの性質　22

- i　エンジニアは知らない人のためにモノを作る　22
- ii　ユーザとクライアントと購入決定権者　24
- iii　誰のためにデザインするか　25

2. クライアント要求を解き明かす

2.1　本当に求められていることは何？　29

- i　「バス乗り場はどこですか？」　29
- ii　手段を尋ねられたとき、それは目的ではない　31
- iii　本当の目的を見極めて、手段を提案する　31

vii

2.2 クライアント要求を探る　32

- i　不完全に定義された課題　32
- ii　課題も解も「作る」もの　33
- iii　クライアント要求はデザイン目標　33
- iv　提案によってクライアント要求を探り出す　34
- v　解決案を重視する戦略　36
- vi　エンジニアリング・デザインの 5W3H　39
- vii　必要と要望　40

3. デザインに必要な情報

3.1 クライアント価値を作る　43

- i　思考を広げる　43
- ii　魅力的品質と当たり前品質　44
- iii　クライアント要求、環境条件、制約条件、評価基準　45

3.2 クライアント要求を定義する　46

- i　VOC を探る　46
- ii　VOC をクライアント要求に変換する　50
- iii　デザイン目標を定める　63

3.3 環境条件に対応する　66

- i　環境条件とは　66
- ii　環境負荷に対するデザイン　67
- iii　環境条件をリストにする　68

3.4 制約条件を明らかにする　70

- i　制約条件とは　70
- ii　制約条件をリストにする　71

3.5 要求と条件を確実に達成するための評価基準　74

3.6 デザインの作業はすべて、クライアント価値を作り出すために　75

- i　クライアントの求める価値を作る　75
- ii　新しいデザインを生み出す　76

4. デザイン案を考える

4.1 機能から考える　79

- i　機能とは　79
- ii　機能は「目的語＋動詞」の形で表す　80
- iii　複合する機能　82
- iv　エンジニアから見た機能・ユーザの求める機能　82
- v　機能と実現手段　84
- vi　要求→機能→実現手段　85

4.2 機能解析　86

- i　製品とは「入力」と「出力」のある箱　86
- ii　ブラックボックスモデル　86
- iii　情報の流れ　87
- iv　ブラックボックスを透明ボックスに変換する　88

4.3 洗濯機は「洗う」のではなく「汚れを取り除く」もの　90

- i　製品機能を考える　90
- ii　製品への展開　92
- iii　機能の境界　93
- iv　クライアント視点からの機能　94
- v　おまけ：応用できるブラックボックスモデル　95

4.4 アイデアを発想する　96

- i　発想を生み出す　96
- ii　デザインを始めるとき　96
- iii　拡散的思考と収束的思考　96
- iv　ブレインストーミング　98
- v　KJ法　105

5. エンジニアリング・デザイン・プロセス

5.1 デザイン・プロセスとは何か　119

- i　物質面から見た製造プロセス　119
- ii　エンジニアリング・デザイン・プロセス　120
- iii　情報面から見た製造プロセス　121
- iv　あらゆる商品・サービスが、設計情報を媒介している　123
- v　クライアントは設計情報に価値を見いだす　124
- vi　ユーザは設計情報を使う　125

5.2 なぜデザイン・プロセスが必要か　126
- i 優れた設計情報を作るために　126
- ii 成功要因は何か　127
- iii 開発期間の短縮と進捗状況の明確化　129
- iv コンカレント・プロセス　130

5.3 デザイン・プロセスの構成　131
- i デザイン・プロセスの4ステップ　131
- ii デザイン・レビュー（DR）　132

5.4 製品プランニング　135
- i 製品を理解する　135
- ii 意識を広げる　136
- iii 複数の案を作る　136
- iv 案を選ぶ　137
- v 予備的ゴール　138

5.5 デザインの「ゴール」を指し示す製品コンセプト　139
- i デザインのゴール　139
- ii 明確な、揺るぎのない製品の定義　139
- iii クライアントは過剰なコンセプトに価値を見いださない　140
- iv 目的外を想定する　141
- v 製品コンセプト例　142

5.6 目標（仕様）の策定　146
- i 開発担当者のゴール　146
- ii 仕様はできる限り数値化する　146

5.7 設計情報の詳細化　148
- i 機能設計　149
- ii 詳細設計　151
- iii 製造設計　151

5.8 未来のクライアントを満足させる　152
- i 設計情報の品質向上　152
- ii デザインの自由度とクライアント価値　153
- iii 未来の設計情報　154

6. アイデアより設計情報へ

6.1 機能の具現化 157

 i 実現手段の考案 157
 ii 創造的な実現手段の考案法 158

6.2 TRIZ 発明的問題解決の理論 159

 i TRIZ とは 159
 ii 未来に立って現在を見る 160
 iii 40 の発明原理 161
 iv 矛盾マトリクス 163
 v 課題から TRIZ の一般化階層へ、そして解決案へ 165

6.3 VE バリューエンジニアリング 168

 i VE とは 168
 ii VE の 5 原則 168
 iii VE 実施手順 171
 iv 製品やサービスなど、機能で考えればすべてが VE の対象となる 181

6.4. QFD 品質機能展開 181

 i QFD とは 181
 ii QFD 実施手順 182
 iii パーツおよび工程への展開 194
 iv 適用事例 Jurassic QFD 196

6.5. 品質をデザインする 200

 i 信頼性のデザイン 201
 ii FMEA 故障モード・影響解析 202
 iii FTA 故障の木解析 210

7. 失敗に学ぶ

7.1 すべては失敗から始まる 217

 i 失敗とは 217
 ii 想定外の事態が失敗を招く 217
 iii 失敗は計算間違いではない 218
 iv 想定される状況に対応する 219
 v 将来を想定する 220

7.2　論理的にデザインを作ることはできない　221

　　　i　　シミュレーションは万能ではない　221
　　　ii　　予期できなかった揺れ　221
　　　iii　なぜ揺れたのか　222
　　　iv　状況や事態の想定は人の技　223

7.3.　デザインを支える本質　224

　　　i　　機能の成功を支える本質は何か　224
　　　ii　　本質の認識　224
　　　iii　拡大の罠　225
　　　iv　安全のための思想　226
　　　v　　見落とされた機能喪失　228

7.4　失敗を次のデザインに生かす　229

　　　i　　失敗は分野や対象を超えて現れる　229
　　　ii　　失敗を知識化する　231
　　　iii　失敗知識を活用する　233
　　　iv　失敗の種に気づくために　234

8.　新しいデザインで未来を切り拓くために

8.1　よい設計情報とは　237

　　　i　　知覚された品質　237
　　　ii　　美しさ・洗練　239
　　　iii　機能と性能　239
　　　iv　信頼性・耐久性　240

8.2　よい設計情報を作るために　240

8.3　未来のクライアントへのプレゼント　243

参考文献　245

おわりに　249

1. デザインとエンジニアリング

この章では、エンジニアリングとは何か、デザインとは何かを議論します。デザインにおいては対象の理解が必要です。ユーザが使えないような代物をデザインしても、ゴミとなるだけです。学習も同じです。「何を学ぶのか」を理解しなければ、その先を考えることはできません。「どうやって使うのか」だけを知ろうとするから、結局、何もできないのです。まずは根底より、エンジニアリングとは何かから考えましょう。

1.1　エンジニアリング・デザインとは

i　モノのためのデザイン

私たちの身の回りには、数多くのモノ（製品）があります。クルマ、バイク、電車、船、飛行機などの乗りもの、テレビ、ラジオ、冷蔵庫、洗濯機などの家電製品、スマホやパソコン、タブレットなどの情報機器、机やイス、家具などの耐久消費財、服や靴や文具などの生活消費財、などなど。これらの製品はすべて工場で量産されたモノです。または、家やビルやタワーなどの建築物、道路や橋や堤防やダムなどの土木構造物も、現場でエンジニアが施工し作り上げたモノです。

直接目にするものだけではありません。電気や水などのライフライン、テレビやラジオなどの放送網、電話やインターネットなどの通信インフラやネットワークシステムなど、目に見えないところにも暮らしを支えるシステムがあります。

このように私たちの身の回りには、私たちの暮らしを豊かに、安全に、快適に支えてくれる多くのモノ（システム）があります。そしてこれらのモノは、誰かが設計（デザイン）し、そして他の誰かが作りました。

これらはすべて、「エンジニアリング・デザイン」の産物です。モノを「デザインする過程（プロセス）」、すなわち、どのような形に作るかを考え始めるス

タートから、情報を集め、企画をまとめ、工夫をし、シミュレーションやプロトタイプを作ってデザインを進め、「設計」としてまとめるまでの一連のプロセス、これを**エンジニアリング・デザイン**とよびます（図1.1）。

ii　design とは

　言葉は概念を表し、思考の骨格をなします。その言葉が何を表し、何を意味するのかをはっきりとさせなければ、思索も前へは進められません。まずは、エンジニアリング・デザインとは何であるかを考えてみましょう。
「エンジニアリング・デザイン」とはいうまでもなく、英語の"engineering design"をカタカナに置き直した語です。ここで、やっかいなのが日本語に定着した「デザイン」です。日本語の「デザイン」は、服飾や家具、建築物、クルマ、コンピュータのデスクトップなどの外観、つまりは意匠や図案という意味です。あるいは日本のエンジニアが「デザイン」といえば「設計」となります。
　これに対して英語の"design"は、はるかに広い概念を含みます。研究社『新英和大辞典』から他動詞の訳語をみますと、

(1) 〈絵画など〉の下図［図案］を作る；〈建築・衣服などを〉設計する、デザインする。
(2) 企画［計画］する、立案する、…の構想をまとめる。
(3) a〈人・物を〉〔ある目的に〕予定する、〔…に〕当てる、添うように意図する、〈ある役目を果たすように〉〈人を〉指定する。
　b 企てる、志す。

とあります。

iii　考え始めてから完成するまでのプロセス

　このように"design"は、情報収集から始め、構想をまとめ、技術を開発し、原案を作り、その原案が意図に添っているかを確認し、設計図として集約するまでのプロセスすべてを表すことのできる語です。そして"engineering design"における"design"は、これらすべてを網羅して表します。つまり、エンジニア

1. デザインとエンジニアリング

図 1.1　エンジニアリング・デザイン・プロセス

リング・デザインとは、「エンジニアリングに係わるモノ」を、考え始めてから完成するまでのプロセスです。**エンジニアリング・デザイン・プロセス**とよぶほうが、よりわかりやすいかもしれません。

「エンジニアリングに係わるモノ」とは、これも考えると難しいのですが、とりあえずは「設計図のある製品やシステム」とします。エンジニアリングに係わるモノは、設計（デザイン）が先にあり、そのデザインにあわせて製造あるいは施工されるからです。

では、カタカナ言葉「エンジニアリング・デザイン」を日本語にするとどうなるか。少し長いですが「製品・システム企画開発設計方法論」と訳します。「工学」をあえて抜かしていますが、「製品」とは、工場で作られたモノ、あるいは、その製造において工学が係わっているモノを指す語です。

「製品」を思い浮かべてください。家電製品や工業製品はいうに及ばず、化学製品や繊維製品、文具製品や生活消費財など、工場で製造されたモノがイメージされるでしょう。岩波書店『広辞苑』には、そのものズバリ「製造した品物」とあります。職人の手による工芸品や、芸術家の手による美術品を「製品」とはよびません。

また、道路やビルなどの構造物や建造物、電力や水道などのライフライン、通信ネットワークなどは「製品」とはよびませんが、これらもやはり誰かがデザインした「システム」です。そしていうまでもなく、これらのシステムの構築には

15

エンジニアリングが係わっています。

　エンジニアリング製品やシステムのデザインを作り上げるための理論と技術と意思決定法、これがエンジニアリング・デザイン、すなわち製品・システム企画開発設計方法論です。

1.2　経験と工夫からデザインする

i　エンジニアリングの本質

　エンジニアリング・デザインとは、「エンジニアリングに係わるモノ」のデザインと記しました。また、エンジニアリングに係わるモノとは、設計図があるモノとしました。しかし「設計図がある」では結果から後付けされた定義です。このままでは議論に適しません。まずはエンジニアリングとは何かを考えてみましょう。

　ブライアン・W・アーサー教授は、『テクノロジーとイノベーション』[1]の中で"technology"を、

(1) 人間の目的を達成する手段
(2) 経験と構成要素の組合せ
(3) 文明に役立てるための工夫とエンジニアリング的経験の集まり

と定義しています[2]。

　"technology"と"engineering"はどちらも「工学」あるいは「工業技術」と訳されます。ここでのテクノロジーは、エンジニアリング製品を作るための技術やプロセスですが、エンジニアリングが作り上げたモノが集まってテクノロジーを構成します。このように、ふたつの語は互いに包括する概念ですから、アーサー教授の定義は、エンジニアリングにもそのまま当てはまると考えます。

(1) 人間の目的を達成する手段

　たとえば新幹線を考えます。新幹線は「速く、快適に、確実に、そして安全に移動したい」との人間の目的（要求）を達成する手段です。

(2) 経験と構成要素の組合せ

　新幹線は、時速300 km/hで走る高速車両です。しかし16両編成の列車だけで走っているのではありません。高速走行を支える線路や架線、ATC（自動列車制御装置）、1時間に13本もの高速車両を走らせる運行管理システム、さらには電力供給システムや地震に対する緊急停止システムなどを組み合わせたシステムです。

　そしてこれらのシステムの中には、構成要素が何層にも積み重ねられています。たとえば車両には、パワーを生み出すモータ、剛性と安定性を保つ車体構造、空気抵抗を減らし騒音を低減する形状、乗り心地を作り出すサスペンション、快適な室内環境を保つエアコンや照明などの構成要素があります。さらに、これらの要素の中にも、たとえばモータにも、高速回転を可能にするベアリング、堅牢なハウジング、パワーロスの小さなコイルなどの下位のテクノロジーが組み合わされています（図1.2）。

　これらの要素の属性の多くは、何らかの必然性によってできあがったわけではありません。たとえば、新幹線のレール間隔は1435 mmで在来線とは異なります。ですが、この軌間の数字に300 km/hで走行するための必然的理由はありません。標準軌の名の通り、ヨーロッパやアメリカで標準的に使われている間隔です。その標準軌の4フィート8.5インチもまた、蒸気機関車が走るより以前の馬車軌道からきています。いずれも、過去の経験を踏襲したものです。

　このように新幹線（に限らずテクノロジー）は、経験と構成要素（下位のテクノロジー）の組合せから成り立っています。

(3) 文明に役立てるための工夫とエンジニアリング的経験の集まり

　以上の第1と第2の定義だけでは、テクノロジー的でないシステムも含まれることになります。たとえば、金融システムや法制度なども「取引を効率化する」「社会を安定化させる」などの目的を達成する手段であり、銀行や株式や契約など、あるいは民法や刑法などの経験と構成要素の組合せとなっています。たしかに金融工学という分野はありますが、一般的に金融システムや法制度は、テクノロジーとはみなしません。そこで第3の定義が必要となります。

　これが「エンジニアリング的経験」です。エンジニアリングでは、何らかの物理・化学、ときには生物的現象や性質をモノに応用します。たとえば電池は、物

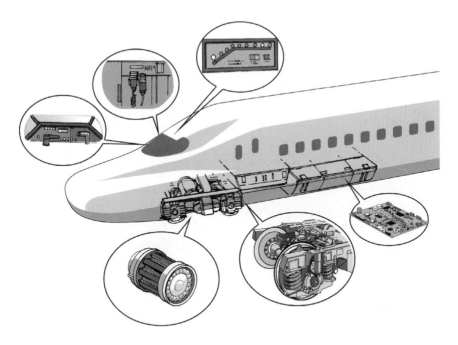

図1.2　エンジニアリング・システムは経験と構成要素の組合せ

質の化学変化に伴う電子の吸収・放出を利用して電源供給を担います。フレームは、使用する材料を減らして、つまりは重量を低減して強度を保つ構造です。そして今日では、乳酸菌などの微生物も化学物質や薬品の製造に利用されています。

　このようにエンジニアリング製品やシステムは、物理・化学（・生物）的現象や性質に基づいているモノです。エンジニアリングとは「物質的現象を利用した要求解決法」と定義できるかもしれません。つまり物質的現象を含まない人間が決めた制度や、人と人との約束や合意によって成立するシステムは、エンジニアリングには含みません。

ii　人間の目的を達成するための、工夫と経験の集まり

　さて、いささか逆説的になりますが、アーサーの第3の定義は、テクノロジーを限定するために導入されたものです。つまりは、テクノロジーに限定しなければ、ある意味で人間が作り出したシステムはすべて「人間の目的を達成するため

の、工夫と経験の集まり」となります。

　エンジニアリング・デザインとは、エンジニアリング製品やシステムをデザインするために集約された理論であり、技術であり、思考法です。照明や交通機関やWWWネットワークのように、成功した、すなわち文明に役立っている製品やシステムは数多くあります。それらの成功には要因があったはずです。そして要因は、新たなデザインにも活かすことができるでしょう。

　反対に、成功の陰に隠れた失敗、つまり使われなかった製品やシステムも多数あります。それらの失敗には原因がありました。それらの原因を事前に発見できれば、失敗は回避できたかもしれません。新たなデザインでは、失敗を招かないようにすることも重要です。エンジニアリング・デザインは、そのための、成功の可能性を高め、失敗の可能性を抑え込むための工夫と経験の集まりです。

　したがって、「エンジニアリング的」に当てはまらないシステムであるサービスやマネジメント、ビジネスにも、エンジニアリング・デザインの観点や意思決定法を活用できます。なぜなら、それらのシステムもまた、「人間の目的を達成するための、工夫と経験の集まり」だからです。

1.3　科学とエンジニアリング

i　エンジニアリングは課題解決のためにある

「科学とは自然現象の追求であり、工学は科学的知識の応用である」との考え方があります。あるいは、「工学とは数学と自然科学を基礎とし、ときには人文社会科学の知見を用いて、公共の安全、健康、福祉のために有用な事物や快適な環境を構築することを目的とする学問である[3]」とした定義もあります。

　けれども私は、これらの考え方や定義に賛成ではありません。「クライアント課題を解決する製品やシステムのデザイン」、これこそがエンジニアリングであると考えるからです。

　たしかにエンジニアリングでは、「物質的現象」を使って製品やシステムを作ります。たとえば、17世紀には一定の周期で動く振り子を利用して時計が作られました。現代では水晶振動子に電圧を加えて同じ周期の振動を取り出していますが、どちらも物質的現象を用いています。しかし勘違いをしてはいけません。

「現象を利用する」ことではなく、「クライアント課題を解決する」ことこそ、エンジニアリングの目的です。現象は、その課題解決に用いられるひとつのパーツであり、それを「基礎」として、製品を作るのではありません。どの現象を使うかはエンジニアの選択です。モノを固定するのに最適サイズのネジを選ぶように、目標とする製品をデザインするために最適の物質的現象を選びます。

自然現象があるだけでは、デザインは生み出されません。数学も同じです。数式をいくらひねり回しても、iPadもプリウスも出てきません。エンジニアは科学的知識を使いますが、それはクライアント課題を解決するための「手段」のひとつなのです。

ii 科学とエンジニアリングの関係

科学はエンジニアリングを利用しなければ進歩できません。16世紀の終わり頃、レンズが光を屈折させる（ガラスの中を進む光の速度が遅くなる）現象を利用して望遠鏡が作られました。望遠鏡を（自分で改良して）使ったガリレオ・ガリレイは、1610年に木星の衛星を見つけました。

望遠鏡の感度を高めるためには、取り入れられる光を多くします。そのためにレンズの直径を大きくします。このとき、レンズもより精密に作らなければなりません。しかし、レンズのガラスを大きくし過ぎると自重によって変形します。ですから、レンズには大きさの限界があります。

この限界を打ち破ったのが、反射式望遠鏡です。鏡であれば、レンズのような厚みは不要です。これによって、さらに直径の大きな望遠鏡を作ることができるようになり、さらに遠くの宇宙まで観測できるようになりました。

しかし地表面からでは、空気による揺らぎや地上の光がノイズとなり、観測を妨げます。そこで科学者たちは、スペースシャトルを使って宇宙に反射式望遠鏡を設置しました。これがハッブル望遠鏡です。

宇宙空間へ望遠鏡を運ぶには、ロケットを使います。ロケットは高度なエンジニアリング・システムです。そしてハッブル望遠鏡も、工学技術の粋を集めたシステムです。まず、望遠鏡（人工衛星）を目的とする方向に向けるには、人工衛星を正確に制御しなければなりません。そして望遠鏡のミラーで焦点に集められた光は、センサを使って電気信号に変換されます。その信号は、電波を使って送るためにデジタル・コードに変換されます。地上では、ハッブル望遠鏡に正確に

1. デザインとエンジニアリング

図1.3　科学観測のためにはエンジニアリングが必要

向けられたアンテナが電波を受信し、デジタル・コードは、コンピュータによって人間が見てわかる絵に再構成されます。

　私たちが、洗濯機や冷蔵庫などの生活のためにデザインされたエンジニアリング製品を必要とするのと同じく、科学は、観測や測定のために特別にデザインされたエンジニアリング製品を必要とします。ガリレオ・ガリレイは 400 年前、自分で望遠鏡を改良しましたが、今日では、エンジニアリング製品がなければ科学も進歩できません（図1.3）。

iii 科学はクライアントのひとり

　自然科学では、思索によって自然現象を説明する理論が考案されます。ニュートンの万有引力の法則も、メンデレーエフの周期律も、自然現象を説明する思索によって考案された理論です。しかし思索された理論が正しいかどうかは、検証しなければわかりません。

　事実か俗説かわかりませんが、ニュートンは木からリンゴが落ちるのを見て、万有引力を「思いついた」そうです。しかし「思いついた」のであって、ふたつの物体の間に働く力が見えたはずはありません。見えないのですから、何らかの

方法を用いて測ります。

　測るには、測定器を作らなければなりません。ピサの斜塔（他の塔でもよいのですが）の上から石を落として引力を測定するためには、高さを正確に測る測量機器と、時間を正確に測る時計が必要です。そして測量機器も時計も、作るためには工学技術が不可欠です。

　現代の物理学や化学や生物学には、極めて高度な測定機器が必要です。ニュートリノを見つけるスーパーカミオカンデには、巨大な水槽を取り囲む1万個以上の特別な光センサが使われています。未知の物質の質量を調べる質量分析計は、真空を作り、その中で高電圧を印加してイオン化した試料の移動を計ります。

　現代科学は、工学技術なしに進歩することはできません。重力定数を計りたい、あるいはネアンデルタール人の遺伝子配列を調べたい、などの要求は科学的興味です。得られた結果も科学論文に記されるでしょう。しかし、その科学的興味から科学的結果を得るためには、工学技術が必要です。というよりも先端科学では、科学的興味を解き明かすための専用の装置がデザインできなければ先へは進めません。

　エンジニアリングは科学の応用、などと単純に語れるものではありません。科学そのものの進歩はエンジニアリングに大きく依っているのです。むしろエンジニアリングの側から見れば、科学はクライアントのひとりであり、企業や個人のクライアントと変わるところはありません。

1.4　デザインの性質

i　エンジニアは知らない人のためにモノを作る

　製品は、デザインを作る**エンジニアリング・デザイン・プロセス**と、デザインを実体化する**製造プロセス**のふたつを経てできあがります。工場あるいは現場で製造あるいは施工されるときには、あらかじめ作られたデザインを元に作業が進められます。このとき、製造あるいは施工に係わる人は、デザインした人ではありません。

　このようにエンジニアリングでは、デザインする人と作る人が異なります。

　さらには、製品を使う人も異なります。自動車メーカーのエンジニアであれば、

自分でデザインしたクルマを運転することもあるでしょう。ですが1万台売れたとしたら、そのうちの99.9％以上は会ったこともないユーザが運転します。お年寄りかもしれません。若者もいるでしょう。そこは寒い国かもしれず、暑い国かもしれません。これらの見知らぬユーザにも満足してもらえなければ、デザインは成功とはいえません。

　人間は、太古の昔からモノを作ってきました。約700万年前にチンパンジーの祖先と私たちの祖先が別々の進化を始めたそうですが、260万年くらい前に私たちの祖先は石器を作るようになりました。祖先たちはハンドアックス（手斧）を作り、堅い木の実を割り、動物の骨を砕いたと考えられています。やがてハンドアックスからはナイフやスクレーパが発明され、祖先たちは、切ったりはがしたり削ったりするための道具も手にしました(4)。

　おそらく祖先たちは、自分で使うための道具を自身で作っていたでしょう。見よう見まねで他の人の道具と同じモノを作ろうとしたかもしれません。あるいはすでに言葉が使えていて、先輩が後輩に教えたのかもしれません。いずれにしても作り手は、自分自身のためにモノを作りました。

　やがて人間は、他の人のためにモノを作るようになります。始めは親が子のために、兄が弟のために道具を作ったのでしょう。そのうちによくできた道具は作り手を離れ、多くの人に使われるようになったと思われます。作り手とユーザが分かれた瞬間です。

　紀元前27世紀には、エジプトで最初のピラミッドが建てられました。この時点では確実に、人間は他の人のためのモノを作るようになっています。ピラミッドは王の墓といわれていますが、王は、自分でピラミッドをデザインしたのではなく「建築家」に作るよう命じたに違いありません。つまり建築家は、自分が使うことのないモノを、王の要求にしたがってデザインしたのです。

　加えてピラミッドのような巨大建築物を作ることができたのは、デザインする人と作る人（集団）が、別となっていたからです。建築家は現場監督を務めたでしょうが、石を切ったり運び上げたりなどの作業に自ら従事するほど余裕はなかったはずです。ピラミッドの建造は、何千、何万もの人々が従事する巨大プロジェクトです。建築家はマネジメントだけで目が回るほど忙しかったに違いありません。

　このように4,700年前のエジプトではすでに、デザインする人、作る人、そし

て発注するクライアントの関係ができていました。そして、現代のエンジニアリング製品においても、デザインする人、作る人、クライアントは別々の人です。

古代エジプトの建築家は、クライアントである王に仕えていたのでしょうか。あるいは建築事務所を経営し、コンペに応募したのかもしれません。いずれにしてもデザインする人は、クライアントからの指示あるいは命令を直接会って聞いたはずです。

しかし、あなたの身の回りにあるエンジニアリング製品、スマホやノートパソコンや、その中に使われている液晶ディスプレイやタッチセンサ、CPUや電池。あなたはそれらをデザインした人を、個人的な友人であるか、SNSでつながってでもいない限り知らないでしょう。

デザインする立場からいえば、現代では、知らない人のための製品をデザインしているのです。ですから、知らない人たちが何を求めているのかを明らかにしなければ、よいデザインはできません。いいかえれば、会ったこともない人たちが何を求めているのかを探り出すことが、現代のエンジニアには課せられています。そして、その課題をうまく解けたとき、デザインは成功への第一歩を踏み出します。

ii ユーザとクライアントと購入決定権者

エンジニアは誰のためにデザインするのか。もちろん**ユーザ**のためです。ユーザ課題の解決は、最優先事項です。ところが直接のユーザではない**クライアント**が、製品に大きく関与することもあります。さらには、直接には製品を使わない**購入決定権者**が他にいることもあります。

まずはユーザから考えます。"user"は文字通り、その製品を「使う人」です。家電製品などの民生品であれば子どもからお年寄りまで、男女問わず、さらには身体的なハンディキャップを持った人もユーザとなります。直接に製品を使う人および潜在的に使う可能性がある人が、ユーザです。どんなに素晴らしい機能をデザインしたところで、ユーザが使えなければただのゴミです。ユーザを見誤っては、優れたデザインを作ることはできません。

では、ユーザだけを考えればよいのでしょうか。たとえば、あなたがボールペンを買うときを考えてみましょう。あなたは、お店（ネットショップかもしれません）に並んだ製品から選びます。あなたはユーザであり、購入決定権者に違い

1. デザインとエンジニアリング

ありません。しかし、お店であなたの目にとまらない製品は、決してあなたには選んでもらえません。つまり、メーカー側から見れば、お店にどの商品を並べるかを決定する人が購入決定権者の前に立ちはだかっています。

これらの製品に係わる人すべてを「クライアント」と考えます。"client"は、一般的には「依頼人」あるいは「顧客」と訳します。そのまま考えれば製品を発注する人、買う人となります。しかし優れたデザインを作るためには、依頼者と発注者だけに限って考えるのでは不足です。製品に係わるすべての人を「クライアント」と考えないといけません。

たとえばビルは、ビルオーナーやマンションデベロッパーが発注し、その中に住む人や働く人がユーザとなりますが、周辺の住民にも日陰、ビル風や電波障害となって影響するかもしれません。そしてその外観は、すべての人の目に入ります。新宿や秋葉原ならド派手な建物も面白がられるでしょうが、風光明媚なところでは迷惑以外の何ものでもありません。訪れる人には老人も子どもも外国人もいることでしょう。建物も民生品と同じく、ありとあらゆる人が「クライアント」として係わります。すべての人への配慮が必要です。

また、ビジネスにおいては製品の購入を決定する人、あるいは決定権を持つ人が、ユーザとクライアント以外に存在することが少なくありません。たとえば空港ならば、待合室のイス、航空機に乗り込むボーディングブリッジ、エレベータやエスカレータ、通過ゲートなどの保安設備を考えてください。乗客や空港職員はユーザとして係わりますが、どのメーカーのどのイスを購入するかを決定してはいません。このように企業間取引であるB2B[5]においては、購入決定権者が誰なのかも認識しなくてはなりません。

iii 誰のためにデザインするか

デザインでは、ユーザだけでなく購入決定権者も含めたクライアントをターゲットとします。自動販売機を例に考えてみましょう。ジュースを買うお客はユーザです。お金を入れ、商品を選んで購入するお客です。

ユーザにとって使いやすい装置でなければなりません（初めての外国で、自販機で切符を買うのがどれだけたいへんか！）。ユーザにそっぽを向かれるようでは、自販機としての価値はありません。

ところが自販機は、ユーザが購入する製品ではありません。購入決定権者は自

販機を設置するオーナーです。オーナーにとっては、お客に商品を魅力的にアピールし、購買意欲を高め、また買いたいという気持にさせることが重要です。さらに、装置は壊れず、乱暴なユーザに壊されず、ニセ金に騙されず、電気代などのランニングコストが安く、多くの売上をもたらしてくれることが魅力となるでしょう。

自販機に商品を補充し売上金を回収するベンダ会社の担当者も、ユーザでありクライアントです。商品の出し入れがしやすく、在庫状況が Wi-Fi か電話で即座にわかり、メンテナンスのしやすい装置でなければ、他の機種に替えてくれとの要求が出るかもしれません。さらには、メーカーのフィールドサービス担当者など、設置や管理に携わる人もクライアントとなります。運搬しやすく、設置が容易であり、故障のときにもすぐに修理できる製品が望まれます。故障が多ければ担当者にもそっぽを向かれてしまうでしょう。

他にもクライアントは存在します。商品を購入しない、ただ周りにいるだけの人も自販機と係わります。不快な騒音や匂いや振動を出さないこと、そして視覚的にも不快でないことが求められます。

自販機ならまだしも、建物や橋などの建造物では外観も大きな要素となります。製品と何らかの関係を持つ人は、すべてクライアントと考えます。それらすべてのクライアントの求める装置をデザインするのがエンジニアの仕事です。

さて、ここまでは製品の出荷後を考えました。しかしエンジニアは、出荷までの製造のプロセスも考えなければなりません。このとき、製造に携わる人たちもクライアントと考えます。製造においては、不良品を作らないことが重要です。そのためには、製造プロセスにおいて不良品を作らないデザインが必要です。もちろん、作る人たちの安全と健康に害があってはなりません。

そして、祇園精舎の鐘の声は諸行無常を響かせます。すべての形あるモノは壊れます。壊れないまでも時代遅れとなるかもしれません。製品は、いずれ廃棄されます。そのとき、できる限りリサイクルでき、廃棄物から有害物質を放出しないことが必須です。冷蔵庫やエアコンに使用されたフロンは、かつては、有害とはわかっていませんでした。ところが現在では、温暖化物質として地上のすべての生き物に影響するとわかっています。ですので、できるだけ漏らさないように、廃棄後も回収できるように、デザインが考えられています。デザインの段階で回収を考えていれば、それらに係わる手間もコストも大きく違ってきます。

このように考えると、エンジニアリング製品は、すべての人がクライアントと

1. デザインとエンジニアリング

図 1.4　誰のためのデザイン？

なるのです。ですからデザインでは、すべてのクライアントに対しての配慮が必要となります（図 1.4）。

(1)　ブライアン・W・アーサー著、日暮雅通訳、『テクノロジーとイノベーション』、みすず書房、2011
(2)　私訳であって、日暮雅通氏の邦訳とは若干異なります。
(3)　工学における教育プログラムに関する検討委員会、『8 大学工学部を中心とした工学における教育プログラムに関する検討』、平成 10 年 5 月 8 日
(4)　石器よりも木器を使ったのではないかと想像しますが、証拠となる遺物が残っていません。
(5)　B2B：ビジネス対ビジネス。企業間取引。これに対して企業対消費者取引を「B2C」という。

2. クライアント要求を解き明かす

この章では「クライアント要求」について考えます。エンジニアリングでは、いいえ、それ以外のすべての分野でも、製品やサービスには「使う人たち」がいます。その人たちに求められていること、それを解き明かすことがデザインの要点です。「何が欲しいのですか」と尋ねるだけでは探り出すことはできません。この章では、提案を元に要求を明らかにする「解決案を重視する戦略」を議論します。

2.1 本当に求められていることは何？

デザインを開始するためには、クライアントが真に必要としている「要求」を明らかにしなければなりません。何を欲しているのか、あるいは実現したいのかなど、クライアントの求めること、すなわち「目的」を探り出さなければ、満足してもらえるデザインはできません。本当に求められていること、すなわち「クライアント要求」に対して満足を提供することがエンジニアの仕事です。そして満足を提供できるデザインを完成するためには、要求そのものの定義が必要です。

それでは、「本当に求められていること」をどうやって探り出すのかを考えてみましょう。

i 「バス乗り場はどこですか？」

たとえ話から始めます。街を歩くあなたは、見知らぬ人から「コロンナ公園に行くバス乗り場はどこですか？」と尋ねられました。親切なあなたは「通りの向かいのパン屋さんの前のバス停ですよ」と教えてあげたとします（図2.1）。

では、あなたに道を尋ねた人は、なぜコロンナ公園行きのバスに乗りたいと思ったのでしょうか。どこかに目的地があるはずです。あなたがお節介な人なら

図2.1　ジュゼッペじいさんのパン屋さん

「どこまで行きたいのですか」と尋ね返すかもしれません。見知らぬ人は「ロレンツォ広場に行きたいのです」と答えます。そのときあなたは「コロンナ公園行きのバスは1時間に1本しかないですから、ミッレ通り行きのバスにしたほうがよいですよ。15分に1本ありますから」など、より有益な情報を提供できるかもしれません。

　さて、あなたに道を尋ねた人にはロレンツォ広場に行きたい理由があるはずです。何らかの目的があるからその場所に行きたいのです。あなたが詮索好きであれば、「なぜロレンツォ広場に行きたいのですか」と、さらに尋ねるでしょう。見知らぬ人は、なんでこんなことを聞くのだろうと訝るかもしれませんが、「『マリアおばさんのビスケット屋』に行きたいのです」と答えます。あなたは、それならとばかりに「『マリアおばさんのビスケット屋』なら去年、まっすぐ行って3つ目の信号を右に曲がったところに支店ができましたよ」と見知らぬ人に、さらに有益な情報を提供します。

　さて、ここであなたを「素晴らしく世話焼きの人」と仮定します。あなたは見知らぬ人に「どうして『マリアおばさんのビスケット屋』に行きたいのですか」と、さらなる質問を重ねます。見知らぬ人はあなたを警察関係者かと警戒するか

もしれませんが、「イタリアーノの町で一番おいしいクッキーを買ってきてくれと母に頼まれたからです。インターネットの評価サイトで3.9の『マリアおばさんのビスケット屋』に行きたいのです」と語ります。

あなたは本当に求められていることが何であるかを納得して、見知らぬ人に教えます。「インターネットには出ていませんが、『ジュゼッペじいさんのパン屋』のクッキーが町一番のおいしさで評判ですよ。通りの向かいのバス停の後ろのパン屋さんです」。

ii 手段を尋ねられたとき、それは目的ではない

人が他人に何か尋ねるとき、「本当に求めていること」を尋ねるとは限りません。多くの場合、自らの「目的」を達成するための何らかの「手段」を考え、その手段を行うための「やり方」を尋ねます。したがって他人から解決法を尋ねられたとしても、それが手段に係わることであるとき、それはその人が実現したい目的そのものではありません。

ですから、手段に関する質問に答えただけでは、本当に求められていること、すなわち「クライアント要求」を見つけるチャンスを逃してしまいます。バス乗り場を尋ねた人はバス停の場所を知ることが目的ではありません。尋ねた人の本当の目的は、「町で一番おいしいクッキーをお土産に持ち帰ること」でした。

また、尋ねられる手段は、本当の目的を達成するためのベストな方法となっていないかもしれません。多くの場合、達成するためのよりよい手段が他にあります。「マリアおばさんのビスケット屋」も、ベストではありませんでした。あなたが本当の目的を探り出せたからこそ、よりよい提案ができたのです。

クライアントが本当に求めていることに対する解決案でなければ、デザインができあがったとしても無用の長物となります。つまりは、デザインを始める以前に本当の目的を明らかにしなければなりません。掘り下げて、探り出すことが必要なのです。

デザインが失敗するのは、間違った要求にマッチした解決案を作るからです。

iii 本当の目的を見極めて、手段を提案する

他の例でも考えてみましょう。あなたは、ショッピングモールにある洋服店で

働いているとします。お客があなたに「カジュアルな服のコーナーはどこですか」と尋ねてきました。このとき、そのコーナーへ行くことは、明らかにその人の本当の「目的」ではありません。本当の目的は、服を探すことです。

　あなたはコーナーに案内しながら、お客の目的を探ります。「これからのシーズンに快適ですよ」「ビジネスにもご使用になれますよ」などと提案を投げかけ、その人の本当の目的を探るでしょう。

　直接的に「何にお使いになりますか」「どんな色がお好みですか」などと質問されるよりも、提案の形で間接的に質問を受けるほうが、お客も自身の希望をよりはっきりと認識するようになります。雑誌のグラビアを見て「これ！」と決めてくるのでなければ、具体的なイメージは持っていないでしょう。その場でなんとなく抱いているイメージに合う服を探します。

　デートに着るつもりかもしれません。ハイキングに出かける予定かもしれません。あるいは、たんに古くなったから新しい服が欲しいだけかもしれません。提案に対するお客の反応、たとえば「もっと明るい色がいい」「もうちょっとスリムなデザイン」などを聞いて、その人の要求をより明確化します。本当の目的を見極めることによって、「こちらのジャケットはいかがでしょう」と、あなたは適切な手段（服）を提案できるようになります。

　エンジニアも、「提案」を通じてクライアント要求を明らかにします。

2.2 クライアント要求を探る

i　不完全に定義された課題

「作業を快適にできるイス」。このように、クライアントからの要求は、あいまいであやふやな言葉で投げかけられます。クライアントはさらに、「昨日のドラマで主人公が座っていたみたいなもの」と漠然としたイメージを持っているかもしれませんが、「座り心地が快適」と抽象的な要求を示すだけかもしれません。

　このように「あいまいな要求」からデザインはスタートします。要求があいまいであることは小難しく、「不完全に定義された課題」とよびます。

　少し脱線しますが、学校のテストに出てくる問題は「完全に定義された課題」です。何が「完全」かといえば、ひとつの正解が前もって用意され、その正解を

導き出すための条件がすべて提示されている点です。

たとえば「2万円で10着のスーツを仕入れた。3万円の定価をつけて、5着は定価で売り、3着は定価の2割引、2着は3割引で売った。このときのお店の利益はいくらか」との問題であれば、

(3万円 − 2万円) × 5
+ ［3万円 × (1 − 0.2) − 2万円］× 3
+ ［3万円 × (1 − 0.3) − 2万円］× 2
= 6万4千円

と、唯一の正解を得ることができます。これが完全に定義された課題です。

これに対して現実は、定価が適切であれば割り引きしなくても売れますし、売り方が悪ければ値引きしても売れません。また、売れ行きには気候や景気も関係します。販売者は、最終利益が大きくなるように対応するのですが、それがいくらとなるのか決まった答えはありません。このように現実は、不完全に定義された課題です。

というよりも、現実は、どのスーツを何着仕入れるかから決めなければなりません。つまりは、課題そのものも与えられるものではなく、作るものなのです。

ii 課題も解も「作る」もの

デザインにおける課題は、見つけだして作るものです。そして解も、求めるものではなく、作るものです。エンジニアは、データと経験と勘によって、課題（**クライアント要求**）を設定します。そして、要求を満足させるデザインとして課題に対する解（ゴール）を設定します。ゴールに「リッターあたり1km走るクルマ」を設定しても、そんな燃費のクルマを買う人はいません。どのような機能と性能があればクライアント満足につながるかを見極めてゴールとします。

iii クライアント要求はデザイン目標

デザインをスタートするときには、ユーザの声を分析し、要求されるすべてをクライアント要求として「定義」します。デザインはチームで進めますから、デ

ザインチームのメンバーそれぞれが、いつでも確認できるように要求を記述します。メンバーのひとりが要求のひとつを忘れたら、完成されたデザインにも欠落が残されるでしょう。また、事前の要求把握に失敗し、あとからあとからつけ加えられるようでは、デザインもまとまりません。

　クライアント要求は、実装を求められる項目のリストです。それらは具現化しなければならない項目ですから、デザインの「目標」、つまりはデザインの「ゴール」となります。ゴール達成の条件がひとつでも欠けていれば、クライアントの満足にはたどりつけません。ゴールを明確に定めるためにも、クライアント要求をすべて探り出し、明らかにすることが必要です。

iv　提案によってクライアント要求を探り出す

(1) 使われる状況を調べる

　クライアント要求をリストにするためには、まず、製品が使われる状況を調べます。既存製品や類似品がある場合には、それらについての意見も集めます。ユーザにはたんによい悪いだけではなく、どのように使用しているときによいと感じたのか、どのような環境で問題を感じたのかなど、周囲の状況も含めて語ってもらいます。あるいはモニタに製品を使ってもらい、その状況を観察します。使用に戸惑った点や苦労した点はないかを調べ、さらにモニタ自身の印象も尋ねます。

　エンジニア自身がユーザとなって体験することも重要です。過去に起こった状況や、将来起こり得るさまざまな状況を想定し、なぜこうなっているのか、どうしてこうしたのかを分析的に考えながら体験します。

　製品には、多様な人たちがユーザとなります。健康な人もいれば、ハンディキャップを持った人もいます。若者もいれば、老人や子どももいます。最新の機器を使いこなす人もいれば、苦手とする人もいます。デジタル世代には何の不自由もない操作であっても、歳を重ねたユーザには困難を感じさせるかもしれません。ですので、さまざまなユーザに使用してもらい、使用状況を観察し、意見を集めます。

　その際、対象となる製品を使うプロセスの始めから終わりまでをすべて体験してもらいます。「ここは大丈夫だろう」と省略すると、意外と引っかかったりします。誰もがトラブルなく扱えるかを調べます。

2. クライアント要求を解き明かす

開発したエンジニアは「こうするはずだ」との思い込みにとらわれがちです。しかし製品を知らない人は、エンジニアが考えもしなかったような使い方を発明するものです。

(2) クライアントに尋ねる

たとえばイスには、いろいろな種類があります。食卓に使うダイニングチェア、くつろぎのためのソファ、仕事や勉強のためのオフィスチェア、作業のためのスツール、屋外で用いるデッキチェアなどです。イスは、座る動作をサポートするモノですが、その用途（目的）に応じて多様なデザインが作られます。

いま、あるクライアントが仕事用のイスを求めています。クライアントに要求を尋ねると、

- 本を読んだり、パソコンを使ったりなどの作業を快適にできる
- 飲み物や食べ物をこぼしても、簡単に汚れを落とせる
- キャスターが床を傷つけない

との答えが返ってきました。

クライアントがなぜその製品を必要としているのかは、尋ねなければわかりません。しかし、尋ねるだけではすべての要求を明らかにはできません。そもそもクライアント自身が何を必要としているのか、いいかえれば、どのような製品を手に入れれば要求を満足できるのかということを、正しく認識してはいません。なぜ必要かを認識しないまま、「新しいイスを買えば解決する！」と考えていることも少なくありません。

まず、クライアントの声は、語ったとおりに漏らさず記録します。わずかなニュアンスが本当の要求を示唆することもあります。

ただし、語られたことすべてをクライアント要求にしてはいけません。それが本当に求められていることかどうかを吟味する必要があります。さらに、語られない要求があることを忘れてはいけません（図2.2）。

(3) 解決案を提案する

さて、クライアントは「作業を快適にできる」という要求を語りました。このように、エンジニアに投げかけられる要求の多くは、およそ「エンジニアリング

的」ではありません。しかも漠然としていて、あいまいです。「作業」とは何をするのか、「快適」とはどういう状態か。エンジニアは、この漠然としたあいまいな要求を、形あるデザインに変換しなければなりません。

　しかし、どのようになれば快適と感じるか、そもそも快適とはどういう状態なのかを言い表すことは、かなりの難問です。

　ところが、言い表せなくても、あるイスが快適か否かを感じることはできます。ショールームへ行き、商品サンプルを比べ、その中から自分の求めるものを探し出すことはできます。

　ただし、ふつうのクライアントは、サンプルから選ぶことはできますが、作ることはできません。これに対してエンジニアは、要求に対するデザインを作ることが仕事です。そのためにエンジニアは要求を分析します。

　快適さそのものを分析することは難問ですが、「作業を快適にできる」とはどういう状態なのかは考えることができます。たとえば、

・疲れない姿勢で作業ができる
・疲れたときに体勢を変えられる
・身体の一部に体重がかからない
・長時間使用しても蒸れたり暑くなったりしない
・寒い時期にも冷たく感じない

などかもしれません。

　エンジニアは、快適さを直接に解析できなくても、それを実現するに違いないアイデアを考え、クライアントに提示します。提示された案が求めるものかどうかは、クライアントが判断します。NGであれば、案を改良して再度示します。OKが得られたなら、それはクライアントの要求するモノなのです。

　このように、案を提示し、その案への反応からクライアント要求を探り出す方法を**解決案を重視する戦略**とよびます。

V　解決案を重視する戦略

　人は製品を使って、自らの「要求」を解決したいと考えます。部屋をきれいにしたいと考えて掃除機を購入し、寒い日や暑い日を快適に過ごしたいと考えてエ

2. クライアント要求を解き明かす

図2.2　尋ねるだけでは明らかにできない

アコンを購入します。人は製品そのものを欲しているのではなく、要求が満たされることを求めて製品を購入します。

ところが、たったひとつでも要求が満たされなければ、人は満足しません。家具の隙間にノズルが入らなければ文句をいい、風量調節が弱すぎても強すぎても不満を述べます。デザインする立場からいえば、それゆえに、クライアント要求を明確にして、そして残さず明らかにすることが必要となります。

では、そのためにどうするか。

(1) 提案によるデザイン探求

たとえば、あなたは電気設備メーカーに勤め、そこで「医院向けエアコン」を担当しているとします。いま、エアコンにどのような機能と性能を必要とするかについて、クライアントには明確なイメージがありません。「とりあえずサンプル案を見せて見積もってよ」とクライアントはいいます。

あなたは過去の実績をクライアントに示し、「いずれも弊社のデザインですが、Aは患者さんには暖かく、医療スタッフにはそれより涼しい環境を作ります。Bはインフルエンザなどのウイルス除去性能をアップしています。Cは直接エアコンの風が当たらないように風向を微細に調整します」と案を提示します。これに対しクライアントは「診察室はAで、待合室はBとCが欲しい」と答えるかも

しれません。さらに提案を聞いたクライアントは「待合室はCだけど、冬に足下が寒くならないのが必要」と希望を語るかもしれません。

このようにクライアントに提案を示しながら、それに対する意見を聞く方法は、デザインのスタートラインでエンジニアが用いる方法です。
「何が必要ですか」と繰り返し尋ねても、すべての要求は明らかにできません。クライアントにとって、自らの要求を分析することは簡単ではないからです。ですから、提案を示しながら要求を探ります。これが解決案を重視する戦略です。

(2) アイデア考案による要求分析

要求をすべて探り出し、そのすべてに応える製品を提供しなければ、クライアントは満足しません。ところが、最初からすべてを明らかにできるわけではありません。そこでまず、できるだけの希望を聞きます。そして語られた希望から、その希望をかなえる製品イメージを作ります。すべての要求が入ったイメージではありませんが、それは構いません。

次に、そのイメージをクライアントに提示します。これがクライアント要求を満足させようと考えた「第1のプラン」です。クライアントは、第1のプランを見て、「取り付け位置が悪い」「フィルタ交換はどうするのか」などの不満や気づいた点を述べます。これらは、クライアントにとっては要求が反映されていない点ですが、エンジニアにとっては抜け落ちていた要求です。

エンジニアは抜け落ちていた要求を取り入れ、製品イメージを改良して「第2のプラン」を示し、再び評価を求めます。このように、要求を満たすために根掘り葉掘り聞き続けるのではなく、要求を解決するための提案を作り、その提案がすべての要求を満足するものとなっているかを検討してもらいます。さらに不足があれば提案を改良し、向上させます。このプロセスを繰り返しながら、要求を探り出し、最終製品の原型となる製品プランをまとめます。

解決案を重視する戦略では、アイデアの考案を通じて要求を分析します。デザインを使うのは誰か、どのように使われるかを検討し、それぞれの状況、使用法に対して過不足がないかを探ります。そしてアイデアを提案して、不足箇所を探り出すとともに、提案がすべての要求を満足させるかを確認します。もし不足があれば、要求すべてを満足させるまで提案を改良します。

すべての要求を解き明かすことがデザインを作るためには必要です。しかし、「他にありませんか」と尋ねるだけで抜け落ちのない要求定義書ができるなら、

誰も苦労はしません。まず提案を示し、提案を通じて要求を明確化させる解決案を重視する戦略が、「要求を満足させるデザイン」への第一歩となります。

vi エンジニアリング・デザインの 5W3H

新聞記事には 5W1H（Who, What, Why, When, Where, How）が必要といわれます。エンジニアリング・デザインでは、これにどのくらいしばしば（How often）、どれだけ長く（How long）を加えた 5W3H を考えます。

誰（Who）が使うのか。工場や建設現場など、閉ざされたエリアでトレーニングされたプロが使う製品と、公共の場や家庭で誰もが触ることのできる製品では、異なった配慮が求められます。

たとえば、ライターは大人しか使わない製品ですが、誰もが触る可能性があります。ですので、子どもや幼児もクライアントとして考えなければなりません。「想定」を残していては、想定外のトラブルにつながります。

何（What）に使うのか。製品の機能、すなわち製品の果たす役割を考える上では、もっとも重要な疑問詞です。製品の機能については 4 章で議論します。

なぜ（Why）使うのか。Why がデザインに関係するのか、訝しく思うかもしれません。しかし、「なぜ」その製品がユーザに求められているのかは、重要なポイントです。たとえば、なぜイスが使われるのでしょうか。「立っているより楽だから」が答えのほとんどでしょう。その通りです。ですが、同じ楽な姿勢でも、くつろぐためと、集中して勉強をするためでは、イスに求められる性能は異なります。また、作業によっては、きっちりと腰掛けるよりも、すぐに立ち上がれる高いイスや、座ったまま移動できるイスが望まれるでしょう。

なぜイスが求められるのか。要求に至る理由を明らかにできれば、より根源的な解決案に巡り合えるかもしれません。より意識を広げて考えるためにも「なぜ」は重要なのです。

いつ（When）使われるのか。ユーザの使用状況を明らかにするためには、時を考えます。毎日の同じ時間なのか、時間とは関係なく使われるのか、充電を要する機器では使用頻度（How often）と合わせて考慮が必要となります。

どこ（Where）で使われるのか。製品の使用環境は重要な要素です。たとえば屋外で使うイスには耐水性が必要です。寒いところで使うなら保温性が重要です。暑いところでは通気性が問題となります。製品が使われる環境を見誤れば、故障

や事故の原因となります。詳しくは3.3で検討します。

そして、どのように（How）使われるか。つまりは、ユーザの使用状況です。体重200 kgの人が座ることは誰でも予想できますが、その人が肘掛けの上に立つことや、その人を載せてゴロゴロと引張られることもあり得ます。どれだけの荷重が加えられるのか、どれだけの衝撃に耐えなければならないのか。これらの使用状況に関する想定がなければ、製品の強度はデザインできません。

さらに、どのくらいの頻度（How often）で使われるのか。年に1度のお正月だけなのか、毎朝のトイレなのか。最後に、どのくらい連続して（How long）使われるのか。30秒なのか30時間なのか。イスではそれほど重要なパラメータではありませんが、自動車のエンジンや洗濯機のモータなどの動力機器では、製品寿命に係わる要素です。

これらの使用環境Whereと使用状況How、How often、How longは、製品の信頼性、耐久性をデザインするために必要不可欠な情報です。誰もすぐに壊れる製品を望んではいません。

以上のエンジニアリング・デザインの5W3Hは、クライアント要求と環境条件を探り出すためのチェックリストとなります。

vii 必要と要望

クライアント要求には、絶対的「必要」と、あればよい「要望」の2種類があります。寒い日にコートがなければ凍え死ぬかもしれません。ところが凍え死なないくらいに必要が満たされれば、雨に濡れても染みない、重くない、着心地がよい、ファッション的に優れた、などの要望が頭をもたげます。

必要は「解決」すれば一件落着となりますが、それと同時に、よりよいモノを求める要望には「満足」が求められます。そしてクライアント要求は次々と高まります。ですから、いつまでも新製品の開発が続くのです。

また必要も要望も、ひとつだけではありません。巨大システムでは要求項目が数千に及ぶこともあります。加えてそれらは、多面的であり、絡み合うのです。エンジニアは、それぞれの要求を実現させる要素を組み合わせてデザイン提案を作ります。もちろん、すべての要素を組み入れられないこともありますし、要素同士が干渉することもあります。たとえば軽い断熱材は、長期間使用すると型崩れしてファッション性を低下させるかもしれません。

2. クライアント要求を解き明かす

　そこで、クライアント要求リストに並べられた各項目を絶対的な「必要」とあればよい「要望」に分け、さらに順位付けをして考えます。

　ところで要求には、「心理的要因」もあります。他人が所有している、または誰も所有していない、などの「見栄」もあります。高級外車や豪邸は、所有自体がステータスとなります。もちろん、「ブーム」のような集団心理からも需要は生まれます。ですが、それらのお金儲けだけの話はここでは扱いません。地道にデザインを考えます。

3. デザインに必要な情報

デザインを作るためにもっとも重要な情報は「クライアント要求」です。ですから、ユーザの声より要求を漏らさず集めます。そしてデザインには、信頼性も重要です。ですから、デザインが使われる環境条件と制約条件を明らかにし、そこから要求と条件を満たすデザインを考えます。デザインの目標は、クライアント価値を作ることです。

3.1 クライアント価値を作る

i 思考を広げる

　エンジニアリング・デザインの目標は、クライアント価値を作ることです。これをクライアント課題の解決としても、もちろん間違いではありません。また、ときには1点の問題解決だけを求められることもあります。しかし、それは最終段階であり、デザインを考案する初期段階ではありません。

　イスで考えれば「座っているときにおしりが痛くならないようにする」は問題点の解決であり、「おしりの痛みの防止」の1点に検討が集約されます。したがって、デザインする人の意識も痛みの発生箇所に集中されるでしょう。このため、痛みを感じさせる箇所以外の検討はなされないかもしれません。

　課題の解決は、デザインが達成しなければならない最低限のハードルです。けれども課題解決だけに集中していては、広い範囲に思考が及びません。まずは「課題の解決」を考え、その上で「要求の満足」を考えます。「座ったときの満足度を高める」とすれば、足と腰の関係など、思考の範囲を広げられます。思考の範囲をより広げれば、より多様なアイデアを考案できるようになります。多様なアイデアの中には、クライアント要求をよりよく解決できるものがあるかもしれません。

そこで、思考をさらに広げるために、クライアントの「価値を作る」と考えます。要求は、単独で存在するのではありません。周囲の環境や状況の中にあります。その環境や状況を含めてクライアントに役立つデザインです。イスであれば、背筋をまっすぐに保ち健康を増進する機能や腰に負担をかけず腰痛を予防する機能など、要求以上の満足を生み出せるモノが、クライアント価値につながります。

クライアントは「製品を入手したい」と考えているのではありません。「課題を解決したい」のです。製品の購入は「目的」である課題解決の「手段」です。課題解決が得られればクライアントは、より高い水準で要求を満たしたいと思います。そのとき、思いがけず要求以上の満足を得たなら、そこに価値を感じます。ですからエンジニアは、クライアントに求められる要求を実装するだけでなく、さらなる未知の要求を探り出し、価値のデザインをめざします。

エンジニアリング・デザインは「価値を作り出す／高める」プロセスです。

ii 魅力的品質と当たり前品質

期待にどれだけ応えたか、あるいは超えたか、によってクライアントの満足度は決まります。図3.1に狩野紀昭先生が提唱した「狩野モデル」[1]を示します。狩野モデルでは、クライアントが製品に求める期待と満足を**当たり前品質、性能品質（一元的品質）、魅力的品質**の3種に分けて考えます。

当たり前品質は、備わっていて当然と見なされている品質です。それが充足されれば「当たり前」と受け取られますが、不充足であれば不満となります。要求として尋ねても当然なことと考えられていて、わざわざリストに挙げられない品質です。たとえばボールペンはきれいに線が書けて当たり前であり、インクがかすれたり、ボタッと垂れたりするようでは不満となります。

性能品質は、ある意味で性能と一元的に比例する品質であり、それが充足されれば満足、不充足であれば不満となります。たとえば、モバイル機器の重さやバッテリーの持ち時間です。軽ければ満足、重ければ不満、長ければ満足、短ければ不満となります。

魅力的品質は、なくても不満にはならず、あれば満足となる他の製品にはない魅力のことです。卓越した性能、たとえばバッテリーの持ち時間が3倍になれば、それは魅力的品質となるでしょう。ただし魅力的と感じるかどうかは人によって異なり、装置を持ち歩かない人にとっては、たんなる性能品質かもしれません。

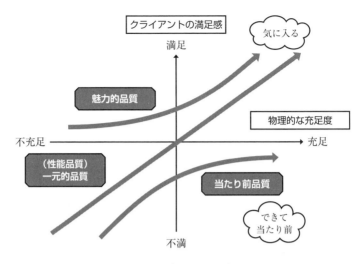

図 3.1 狩野モデル

当たり前品質を満たした上で、誰に向けて、どこに魅力的品質を設定するかはデザインの戦略です。それが成功すれば、クライアント価値となるでしょう。

iii クライアント要求、環境条件、制約条件、評価基準

デザインをスタートするためには、**クライアント要求**を定義します。クライアント要求はユーザの声を元として、実現可能な目標としてまとめます。予定の価格で不可能な要求を盛り込めば、デザインのゴールとはなり得ません。あるいは、他社製品に及ばないゴールでは売れなくて、デザインに注ぐリソースがすべて無駄になります。

完成する製品は、クライアント要求に記された項目を実現するものです。つまりは、クライアント要求はデザインのゴールである**デザイン目標**となります。できあがった製品にクライアントがどれだけ満足するかは、クライアント要求によって決まります。

デザインには、製品が使われる状況や場所を考慮します。屋外に設置される製品では防水、防塵、防錆を考慮しなければなりませんが、屋内で用いるモノにこれらを備えるのは過剰品質でしょう。屋内であっても浴室で用いるのであれば、必要かもしれません。あるいは自動車積載品では、振動だけでなく、屋外以上の

温度変化にも耐えなければなりません。壊れない製品とするためには、使用環境に関する情報が不可欠です。これらの項目は**環境条件**としてリストにします。

完成したデザインを販売するためには、クリアしなければならない事項があります。たとえば日本国内で販売するには、日本の法律や規則に従わなければなりません。国内は OK でも、輸出に際しては相手国の法律をチェックしなければなりません。さらには、明文化されていなくても制約はあります。具体的には、トラックで運べないサイズの製品では流通させられません。これらの製品が満たさなければならない条件を**制約条件**としてまとめます。

そしてデザインの途上では、完成したデザインに不足が生じないようにデザイン・プロセスが進められていることを確認する**評価基準**を設定します。チェックポイントとなる**デザイン・レビュー**では、評価基準を用いて確認します。デザイン・レビューについては、5.3 で議論します。

3.2　クライアント要求を定義する

i　VOC を探る

(1) 使われる状況を想定する

新しいデザインを作るときには、そのデザインの目標、すなわち誰のために何を提案し、何を解決するのかという目標を定めます。目標とは新製品のアピールポイントであり、既存製品との差別化です。クライアントの求める状況において、価値となる目標を設定します。

価値を作るためには、**顧客の声**（VOC：Voice of Customer）を集めます。VOC とは、その製品に対するクライアントからの不満や要望、希望などの意見です。さらに、なぜその製品が求められるのかという背景を探ります。そして、インタビューや行動観察を通じてユーザに関する情報を集めます。

ただしこれらの情報は、集めただけでは雑多な寄せ集めです。そこからデザインの種を見つけださなければなりません。ここでは、集められた情報より仮想ユーザを設定し、製品が使われる状況をシナリオとして組み立てる**ユーザシナリオ**を紹介します。ユーザのライフスタイルや行動を「筋書き」として表し、その中でユーザが何を考え、何を必要とするかを探ります。

(2) ペルソナとユーザシナリオ

① ペルソナの設定

　ユーザシナリオの主人公を「ペルソナ」とよびます。ペルソナは、ターゲットとする製品のマーケットを代表する仮想人物です。

　ペルソナを設定するためには、まずユーザを調査します。アンケートでは漠然としたデータしか得られませんから、インタビューをして、製品を使った体験を語ってもらいます。けれどもインタビューも記憶を引き出すだけです。「引っかかって服が破れた」などのエピソードはすぐに聞き出せますが、操作にまごついていても、それが日常となっていると思い出せないものです。できればユーザが製品を使う状況を観察し、使用後、ユーザに「あのときどう思ったか」を振り返ってもらい、状況を分析します。

　ペルソナとユーザシナリオは、「再現ドラマ」のようなものです。無機質な情報をつなげ、製品の使われるイメージを臨場感を持って語らせます。ペルソナを身近な人物と感じれば、その人のためにデザインしようとの開発担当者の熱意にもつながります。ですからペルソナには、年齢、性別、職業、性格などの具体的なプロフィールを考え、イメージとなる顔写真を付けます。彼または彼女ならこのときどう考えるか、どう動くかなどの具体的な状況や行動を考えます。ペルソナの満足を得ること、価値を感じてもらうことがデザインの目標です。製品を使用する前から、使用している間、そして使用した後まで、どのように振る舞い、何を求め、それを製品が提供できているかを考えるのです。

　シナリオの作成は、ユーザへの新製品提案であり、解決案を重視する戦略です。デザインの5W3Hをチェックし、なぜ求められるのか、どのように使われれば満足を感じるのかを検討します。新しい製品にどのような機能や性能を備えれば、ペルソナは価値を感じるか。ユーザシナリオを詳細化し、製品の細部を考えることによって、新製品に求められる機能や性能を提案します。

　ペルソナは、ひとりに限定する必要はありません。異なったシーンで、異なった使い方をする、たとえば男性と女性、若者、子ども、あるいは老人を代表するペルソナを作ることもできます。それから新しい製品が、それぞれのペルソナに提供できる価値を考えます。

　ユーザシナリオの中でペルソナが何を望み、何を求めているのか、そしてそれ

を提供できる製品には何が必要か。シナリオの分析を通じて製品のアイデアを練り上げます。

② ユーザシナリオ──「電気ストーブ」 要求分析編
　A子さんは27歳。首都圏でひとり暮らしをしているOLです。都心の企業で営業事務系の仕事をしています。明るくて誰からも好かれるタイプですが、まじめで堅実な性格です。A子さんは、オフィスから地下鉄と私鉄を乗り継いで帰ります。賃貸マンションは駅から徒歩18分。年末は業務も多くなるため、帰りも遅くなりがちです。1DKの居室にはエアコンがありますが、キッチンにはありません。しかし彼女は、空気が乾燥して喉が痛くなるからとエアコンをほとんど使いません。
　11月下旬。今年も気温が下がってきました。土曜日の午前、A子さんはストーブを買いに駅前の電器店に向かいます。自転車に乗りながら考えます（図3.2）。
「消費税が上がってたいへんだし、今日買うストーブにお金はかけられないな。洋服も欲しいし。でも、安くてすぐ壊れたら困るし……予算は3万円以内。うん、それにしよう」
「去年もそうだったけど、夜遅く帰ると身体が冷えちゃうのよね。だからスイッチを入れてすぐに暖かくなること！ これが大切。それから静かなのがいい！ 前に使っていたストーブは音がうるさくて、なかなか寝られなかったから」
「そうするとやっぱり電気ストーブよね。空気も汚れないし。『換気してください』なんてしゃべったり、ピーピー音が鳴ったりするストーブはうるさくて嫌だわ。あと……触ってもやけどしない、倒れても安全は当たり前」
「そうだ、温度調整できないと困るな。前に使っていたのは強と弱しかなくて、強だと熱いし、弱だと暖かくないし。ダメだったな、あれは。大失敗しちゃったって感じ。寒いといえば、寒い朝にスイッチがオンになっていてほしい。ベッドから出るのがたいへんだから」
「そして、かさばらない大きさでないと！ 私の部屋、狭いんだから。もちろん、女性でも簡単に動かせることも必要よね。それに何より部屋にマッチするデザイン。これは絶対に妥協したくない！」
「それからコーヒーをこぼしても掃除がしやすいこと。前につまずいてストーブにコーヒーをこぼしたときは掃除がたいへんだった……それにストーブのデコボコのところ、あそこにホコリが溜まるのが気になるのよね」

3. デザインに必要な情報

図3.2 製品に求める価値は……

お店に着いたA子さんは、希望を満たすストーブを探します。そして……、見つけました！

③ ユーザシナリオ——「電気ストーブ」 製品使用編
　12月の仕事帰り。A子さんは改札を抜け、駅前のスーパーで買い物して部屋への坂道を歩きます。北風が吹き、袋を持つ手が冷たく感じられます。マンションに帰り、鍵を回し、ドアを開けると、室内はほんわかと暖かくなっています。
「このストーブ、予算オーバーしちゃったけど、なかなかの優れものね」
　スマホを改札にかざすとメールが送られ、ストーブが部屋を暖め始めます。さすがにスイッチオンしてすぐに暖かくはなりませんが、15分もあれば十分です。そして出かけるときにも改札を通るとメールが送られ、消し忘れていてもスイッチはオフになります。
「メールでスイッチが入るから、早く帰っても遅く帰っても部屋は暖かいし、私がいないときに電気を無駄にしている心配もないわ」
　A子さんは冷えた手をストーブにかざします。不在のときは《自然対流モード》です。ストーブの表面は70℃。洗濯物が被さっても火事の危険はありませんし、安全装置も付いています。ストーブは暖まっていますから、すぐに指先も温められます。
　コートを脱ぎ、エプロンをしたA子さんは、キッチンに向かいます。

49

「鱈の切り身とダイコンを、薄口しょうゆとお出汁でみぞれ煮ね」
　キッチンからリモコンをストーブに向けると、《温風モード》強になり、キッチンに温風が送られます。
「リモコンが押された方向に風を送るのよね。だから、料理のときも足下が寒くなくていいわ」
「忘年会続きで胃腸が疲れているからお味噌汁〜。お豆腐と長ネギかなぁ。冬の長ネギは甘くておいしいのよね〜」
　鍋が煮立ち、台所に湯気が立ちこめるとストーブは、自動で風を弱めます。
　料理を運んだA子さんは、テーブルの上のスマホでストーブを《遠赤外線モード》に切り替えます。
「こうすると音もしないし、なにより身体の芯までほんわりと暖かくなるわ。モード切替できるから、ストーブをいちいち動かさなくてよいのも楽よね」
　食事のあと、ネットを見ていたA子さんは、ストーブのプロパティを開きました。
「今日の電気代は38円ね。節電になっているかどうか見えるのも面白いわ」
　12時になり、A子さんはベッドに入ります。
「明日の最低気温は2℃か〜。寒いわね。でも、土曜だからゆっくり寝られるわ」
　念のためにタイマの設定を確認して、A子さんは部屋の灯りを消しました。
　タイマ設定によってストーブは《おやすみモード》に移行します。《自然対流》になり、寒くなりすぎないように少しだけ部屋全体を暖めます。平日は6時に《おはようモード》をセットしていますが、週末は8時です。朝、A子さんがベッドから起きる頃には部屋は暖められ、寒い朝ではなくなっているでしょう。

ii　VOCをクライアント要求に変換する

(1) ユーザシナリオを分析する

　それでは、A子さんのユーザシナリオ「要求分析編」に沿って、クライアント要求（デザイン目標）を抽出しましょう。ただし彼女の要求分析では語られなかったこともあります。それらについては「製品使用編」を元に検討します。

① 予算は3万円以内

価格は重要な戦略

　これはA子さんの要求です。A子さんはストーブ購入によって「寒くない静かな夜」や「暖かい冬の朝」などの「価値」を手に入れたいと考えています。そのために払ってもよい上限の金額を決めました。

　しかし、A子さんが語ったからといって、この金額をそのまま目標と定めることはできません。彼女が十分な価値を手に入れられないと判断したのなら、その価格でも買ってはもらえないでしょう。反対に、高価でも彼女にとってより大きな価値、たとえば「部屋にマッチするデザイン」を提供できるなら、財布のひもを緩めてもらえる可能性は十分にあります。

　価格は重要な戦略です。クライアント要求には、絶対的な「必要」と、あればよい「要望」の2種類がありました。なかにはギリギリの必要だけを求めて、できるだけ安く買おうとする人もいます。一方、要望をできるだけ手に入れようと、つまり、できるだけよいものを買おうとする人もいます。

　重要なポイントは、誰をターゲットとするかです。ターゲットとするクライアントたちが、何に価値を感じるかです。

　製品をどのポジションに位置させるかは、メーカーの重要な戦略です。目標を「他社製品より安い」と決めることもできますが、それは、これからの日本メーカーのめざす方向ではないでしょう。

　価格に関するクライアント要求（デザイン目標）は、

　　　a. 同価格帯の他社製品より高いクライアント価値

とします。他社製品を調べ、目標とする価値のポイントを絞り、それを上回る機能と性能の目標を定めます。

　価格は重要なパラメータです。経験を積んだエンジニアは、価格を考慮しながら意思決定を進めます。どのくらいの金額で作れるか、パッと概算できるものです。価格を下げるだけでは、ギリギリの製品しか作れなくなります。

② スイッチを入れてすぐに暖かくなる

デザイン目標は実現可能な目標

　暖房の立ち上がり性能に対する要求です。ストーブそのものの能力に対する要求といってもいいでしょう。ユーザが価値を認識する項目です。

ここで問題となるのは「すぐに」との感覚的な表現です。デザインを進めるためには、感覚的表現をできる限り数量的表現としなければなりません。
　たとえば「避難通路を広くする」といわれても、ある人は1m幅で広いと感じ、またある人は3m必要と感じるかもしれません。つまり、人それぞれの感覚に頼るのでは、適切かどうかを決められません。法令で「1.2m幅以上」と数値を定めてあるから、消防署は立ち入り検査をしたときに適切かどうかを判断できるのです。
　デザインにおいても同じです。「すぐに」といわれて、暖まるまでに3分でよいと考えるエンジニアと、30秒でも遅いと考えるエンジニアがいては、ちぐはぐなデザインができあがってしまうでしょう。何らかの「基準」を設定しなければなりません。
　そしてその基準は、クライアント要求に基づかなければなりません。要求とかけ離れた基準では、達成したとしてもクライアントの満足を得ることはできません。SNSに表れるコメントを分析する、フォーカスグループ（数名のユーザを集めて製品に関するディスカッションをしてもらうマーケティングリサーチ手法）により意見を集める、あるいはユーザにモニタとして製品を使用してもらうなど、VOCから基準を設定します。たとえばその結果、8割の人が納得する数値として「15秒以内」となるかもしれません。できるだけ多くのユーザに価値を認められる目標とすることが重要です。
　ただ、現実的には「15秒以内」は不可能です。デザイン目標は、設定された期日までに完成しなければならないゴールです。不可能な設定があれば、デザインは完成できません。5年先、10年先に実現できる技術は、研究開発の対象であって、製品デザインで使えるものではありません(3)。ですから、実現不可能な目標として、受け入れることはできません。
　ここでは、等価的に機能を実現できるアイデアを見つけましたので、

　　b. 部屋に入ったときに暖かいと感じられる

と設定します。そのアイデアは、ユーザに「魅力的品質」として映るかもしれません。

③ 静か

3. デザインに必要な情報

感覚的表現は数値化する

「静か」は感覚的表現です。これだけではどのくらいの動作音が許されるのかわかりません。ここでは、A子さんの「前に使っていたストーブは音がうるさくて、なかなか寝られなかった」という言葉に着目します。VOCに具体的なポイントが含まれているときには、そのままユーザの声を用います。ですので、デザイン目標も、

  c. 眠りを妨げない小さな動作音

とします。
「眠りを妨げない」動作音がどのくらいであるのかは、調査や実験によって明らかにします。明らかにできれば、製品の性能として実現可能かを検討し、具体的な数値として目標を定めます。製品によっては定常動作音だけでなく、動作開始音にも注意が必要かもしれません。

要求は製品の属性として記述する

　クライアント要求は、その製品の属性、すなわち製品に求められる機能や性能として記述します。装置が「静か」であるためには、属性は「動作音が小さい」となります。そしてデザインに際しては具体的な数値目標を設定します。たとえば、「最大動作音 40 dB 以下」[4]のように定めます。

求められない性能はアップしない

　動作音は低ければ低いほどよいのは確かです。しかし、求められていない性能をアップしても過剰品質であり、ユーザには喜ばれません。このとき、その性能を実現するために投入された努力や時間は無駄となってしまいます。加えて過剰品質は、コストアップにもつながるでしょう。不要な品質や機能を有しても値段が同じならともかく、高い製品ではクライアントにそっぽを向かれます。

　1990年代、日本の半導体メモリの生産量は世界一でした。しかし2018年現在、パソコンに日本製のメモリを入れたいと思っても、残念ながら売っていません。かつて日本メーカーは長寿命、高信頼性のメモリを、生産ラインでの歩留まりを高くして作ることに努力を傾けていました。

　ところが当時、メモリをもっとも利用したのはパソコンでした。しかし、その

パソコンの商品寿命はたいてい5〜6年です。そのようなパソコンに使われるパーツに30年の寿命を保証しても、クライアントは価値を認めません。さらにいえば、メーカーの工場内での歩留まりなど、クライアントには関係のないことです。原因は他にもありますが、クライアント要求のないところにリソースを傾注したことが、日本の半導体業界衰退の一因と考えられています。[5]

④ 電気ストーブ
VOC ≠ クライアント要求
　A子さんは電気ストーブを買いたいと考えました。電気ストーブはたしかにA子さんからのVOCです。ところが、これをそのまま「クライアント要求」とはできません。彼女は最初から電気ストーブを買いたいと考えていたのではなく、「空気が乾燥して喉が痛くなるから」という理由で、エアコンを使いたくないと考えていたのです。彼女の声をクライアント要求として記せば、

　　　d. 空気を乾燥させない

です。さらにA子さんは、

　　　e. 空気を汚さない
　　　f.（換気してくださいなどと）ユーザに動作を要求しない

との希望も述べました。これらが彼女の「要求」です。そして電気ストーブは、この要求を満たすと彼女が推論した「解決手段」です。

要求に立ち戻って解決案を考える
　ここで、手段である電気ストーブから要求に立ち戻って、空気を乾燥させず、眠りを妨げない小さな動作音で、空気を汚さず、ユーザに動作を要求しない「暖房機」だと考えます。このように考えれば、エネルギー源を電気に限る必要もないことがわかります。電気はストーブに用いられるエネルギー源のひとつ、つまり手段です。目的ではありません。
　デザインでもっとも重要なことは、要求の満足です。そこでエネルギー源を限定すること、すなわち手段を固定することは、解決案の可能性を狭めます。クラ

イアント要求探査の段階で可能性を狭めてはいけません。

　もちろん、これらの条件を満たせる電気以外のエネルギー源の暖房機もあります。燃焼機構を密閉して、外気を強制的に吸排気する石油やガスのFF式[6]ファンヒータです。ただしFF式ファンヒータは設置工事を必要とするので、賃貸マンションに住むA子さんの選択肢には入りません。ここで工事を必要としないファンヒータが開発されれば、彼女の選考の対象となりますし、新たなユーザを獲得できるに違いありません。

　さらに考えれば、暖房機も手段です。これも要求に立ち戻り「部屋を暖める」と考えれば、ホットカーペット、床暖房、断熱性能に優れた部屋など、さらにデザインの探査領域を広げることができます。

目的と手段を峻別する

　電気ストーブの例のように、目的と思えても、じつは手段となっていることがあります。手段で考えていては可能性を狭めます。目的に立ち戻り、目的から考え、それを実現できる手段を探します。そして、考えた手段の中から、どれがもっとも有効かを評価して決定します。不要な制約はすべて取り除き、可能性を狭めないことが大切です。はじめから手段ありきでは、目的を見失います。手段ありきのデザインに成功はありません。

特定ユーザ向け仕様ではないか

　VOCは「特定ユーザ」の声かもしれません。特定ユーザからの要求が、多数ユーザにも求められているとは限りません。たとえば、実験室内の温度を±0.01℃に保ちたいユーザに超高精度の温度コントロール機能を求められたとしても、ふつうのユーザにはまったく不要でしょう。受注開発ならクライアントからの要求は絶対ですが、多くのユーザを対象とする製品を特定ユーザ仕様にしていては、たんなる過剰品質です。

　VOCとして寄せられたとしても、ターゲットとして狙うマーケットが求めているかどうかを検討します。もちろん、ニッチなマーケットを狙う製品もありますが。ターゲットを誰に定めるかは、重要なデザイン戦略です。

⑤　触ってもやけどしない・倒れても安全
安全は絶対的要求 ⇒ 制約条件

これらは安全に係わる要求です。要求として口に出されなくても、すべての製品は安全でなければなりません。安全は常に、他のクライアント要求とは別の最上位に位置する「当たり前品質」として実現すべき項目です。

　もちろん、製品を作る立場から考えれば「触ってもやけどしない」と「倒れても安全」だけでは、安全確保には不十分です。突起(とっき)でケガをしない、隙間に指を挟まない、有害塗料を使用しない、ホコリが溜まっても過熱しない、感電しない、などの多数のチェック項目が必要です。

　ストーブに特有の危険もあります。たとえば、「やけど」や「火災」の危険は他の製品よりも高いでしょう。また、比較的背の高い製品ですから、ぶつかって、あるいは地震で転倒する危険性もあります。これらの製品特有の条件にもデザインは対応しなければなりません。

　これにより、クライアント要求における「安全」は、

g. ユーザに対して安全である
h. 環境に対して安全である

と記述します。また、「安全」は、ひとつの製品だけでなく、メーカーが作るすべての製品に求められる事項ですので、制約条件としても検討します。

⑥ すぐ壊れたら困る
信頼性をデザインする
　安全性と同じく、信頼性も必要です。VOCとして表れなくても、製品の安全性と信頼性は、十分に担保しなくてはなりません。
　ここで信頼性についてちょっと議論します。
　「『信頼性』って何？」と学生に質問すると、それは多様な見解が返されます。「壊れないこと」くらいには答えてほしいのですが、少数です。「信頼できること」（じゃあ、信頼できるって何？）、「ちゃんと動くこと」（動かなければ故障だろう）、「不良品をつかまされないこと」（たしかに対人的な信頼問題だ）、「しっかりとしたメーカーが作っていること」（どこならいいの？）、「みんなが買うこと」（それは人気だろう）などです。
　厳密には「壊れないこと」では不正解です。6.5で議論しますが、工業標準化法に基づく日本工業規格（JIS）では、「アイテムが与えられた条件の下で、与え

られた期間、要求機能を遂行できる能力」と定義されています。ここでアイテムとは、パーツ、構成品、デバイス（ハードウエア装置、あるいはその内部の構成要素）、アセンブリ（機能を果たすパーツの集合体。たとえば自動車のシートは、骨組みやスプリング、リクライニング調節機構、ファブリックやレザーなどの表面素材から構成された「人を座らせる」機能を果たすアセンブリ）、装置、機器、システムなど、信頼性を定義されるモノです。簡単にいえば、「製品やシステムが、使われると計画された期間内で、壊れたり性能を低下させたりしないで働く能力」が 信 頼 性（ディペンダビリティ）です。

　信頼性には期間が定められています。これは当然で、永遠の寿命をデザインすることは不可能です。たとえばゴムは大気中の酸素や硫化物によって劣化します。ですから、クライアントに満足してもらえる使用期間を設定し、その間の使用環境と、その中での劣化を想定し、それらへの対策をデザインに組み込みます。10年間も使用しない製品に30年の使用期間を設定しても、コストの増加を招くだけです。しかし、10年間使用したい製品が3年で壊れては、次は買ってもらえなくなります。

与えられた期間、要求機能を遂行するために

　どれだけデザインと製造に万全を期そうと、偶発的な故障は必ず生じます。あるいはユーザが取り扱いを誤って壊すこともあります。修理を想定しない、つまり故障したらすべて交換する商品もあります。スマホのような小さな製品はそれもよいでしょうが、ストーブの大きさでは交換用製品を保管するスペースも問題です。それよりも、修理によって性能を保つほうがライフサイクルコストを低減できるでしょう。

　ライフサイクルコストとは、① 製品のデザイン、製造、流通、販売、修理などにかかるメーカーのコスト、② 購入と使用に要するユーザのコスト、③ 廃棄やリサイクルに要する業者（地方自治体）のコスト、これらすべてを合計したものです。ライフサイクルコストを下げるようデザインすることも、現代のエンジニアに課せられた要求です。

　「修理できる」ためには、パーツやアセンブリの交換を想定したデザインとします。しかし「修理できる」という属性は、製品だけで実現できるものではありません。サービス拠点の設置やサービスマニュアルの準備、あるいは補修パーツの供給など、サポート体制の整備も必要です。

サポート体制は、ひとつの製品に対する要求ではなく、メーカーとして整えるべきシステムです。したがって、製品に対するクライアント要求ではなく、制約条件の一部と考えます。

　電気ストーブは、電気用品安全法に定める長期使用製品安全表示制度の対象製品（扇風機、電気洗濯機、換気扇、エアコン、ブラウン管テレビ）には含まれていませんが、ここではファンを使用するデザインとしますので、これらに準ずると考えて**設計上の標準使用期間**を定めます。他社動向により期間を10年に設定して、デザイン目標はプラス2年と考え、クライアント要求を、

　　i. 12年間使用できる
　　j. 修理できる

とします。

⑦ 温度調整できないと困る
要求は肯定型で記す

　否定形で発せられた意見も、クライアント要求に入れる際には、できるだけ肯定形に直します。なぜならクライアント要求は、デザインの目標だからです。「温度調整できないと困る」では、どうできるようにすれば達成できるのかわかりません。

　ここで、「温度調整できる」と肯定形に改めただけでは、やはりどうデザインすればよいのか不明です。記述が読み手によっていろいろ解釈できる場合は、明確にしなければ誤解を招きます。

　たとえば、安価なストーブに使われている「強・中・弱」と電力（出力）を切り替えるスイッチ（図3.3(a)）でよいのか、電気こたつや電気毛布に多い強〜弱と連続的に出力を設定する方式（図3.3(b)）がよいのか、エアコンのように温度設定（図3.3(c)）を必要とするのか、「温度調整できる」という表現ではわかりません。

　A子さんは「前に使っていたのは強と弱しかなくて、強だと熱いし、弱だと暖かくないし」と語っていました。おそらく図(a)の3段階切り替えでは不足と感じるでしょう。それから図(b)の連続設定方式も、昭和のこたつ的です。製品の価格目標は「同価格帯の他社製品より高いクライアント価値」です。ここは図

3. デザインに必要な情報

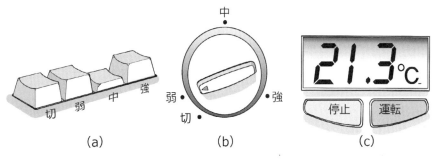

図 3.3 設定方法

(c) として、高い価値を狙いましょう。

これによりクライアント要求は、

k. 18〜30℃の範囲で温度調節できる

とします。この記述は、ストーブに「室温調整機能」が必要であることも示しています。

⑧ 寒い朝にスイッチがオンになっていてほしい
ユーザの声を正しく要求に変換する
　これもストーブに求められる機能です。ここで要求を「朝に」とだけ読めば、時計あるいはタイマを内蔵すれば実現できるでしょう。ところが「寒い朝に」と読むと、寒くない朝にはスイッチを入れず、寒い朝だけにスイッチを入れる機能が求められている、となります。
　クライアント要求を希望されるとおりに定義することが重要です。ここでは寒い朝にはオンになり、寒くない朝にはオンにならない機能が望まれていると考えて、

l. 寒さを判定できるタイマ機能

とします（図 3.4）。

図3.4 寒い朝ニャ

⑨ かさばらない大きさ
不要な制約を課さない
　文字通り、ストーブの外形寸法に対する要求です。「かさばらない」といわれているのですから、コンパクトにしてほしいとの希望が感じられます。ところが、空気を暖めるためにはヒータと空気の接触面積が大きいこと、遠赤外線を放射するためには放射面積が大きいこと、送風音を下げるためにはファンの直径が大きいことが必要です。ですから、物理的に不可能なサイズにはできません。性能に必要なサイズを考慮して、

　　m. 許容サイズ：縦〇〇 mm × 横△△ mm × 高さ□□ mm以内

のように、許容上限を定めます。
　なお、ストーブでは性能によって制限されますので下限を決めなくてもよいのですが、パソコンのマウスのように手に持つ製品では、小さすぎるとかえって持ちにくくなります。このような製品では、上限と下限の範囲を設定します。
　また、外形寸法は原則的には縦・横・高さを決めますが、製品に内蔵するパーツやアセンブリでは容積だけを規定する方法もあります。たとえばストーブに加湿用水タンクを備えるとすれば「何リッター以上、何リッター以下」と定義したほうが、寸法を指定するよりもデザインの自由度を確保できます。
　必要な制約も不要な制約も、デザイン上の制約です。必要な制約はクライアントの価値につながりますが、不要な制約は無価値か、場合によってはデザインの価値を下げることになります。ですので、不要な制約は、必ず取り除かなければ

⑩ 女性でも簡単に動かせる
求められる理由は何か
「女性でも簡単に動かせる」とクライアントが語ったとしても、これをそのままクライアント要求にはできません。「動かす」は「手段」です。手段が語られているからには、必ず「目的」があります。なぜ動かすのでしょうか。ユーザには何らかの意図があるはずです。それを明らかにしなければ、クライアント価値は作れません。

　このようなときは、デザインの5W3Hを考えます。A子さん（Who）が、部屋の中（Where）で、ストーブを動かす（What）のは、いつ（When）なのか、その理由はなぜ（Why）か、どのように動かす（How）のか、そしてどのくらいの頻度（How often）なのか、どのくらい連続（How long）なのか、です。ユーザシナリオ「製品使用編」では、A子さんが1DKの2つの部屋を移動する情景を考えました。もしかすると、A子さんの移動につれて暖まるエリアを移動させる機能があれば、ストーブの移動は不要となるかもしれません。それならばクライアント要求は、

　　n. 部屋全体または特定の場所を暖められる
　　o. 暖めたい場所を簡単に変更できる

とできるでしょう。さらに「簡単に」とあります。暖かいエリアを「簡単に」変更するために、

　　p. リモコンに加えてWi-Fi（スマホ、PC他）で操作・設定できる

との要求を加えます。
　ここで、この記述はそのまま実現手段となっています。原則的には手段を含まないようにしますが、現実的に室内無線ネットワークはWi-Fiしかありません。ですから、この記述でも何も制限することにはなりません。これでよしとします。

⑪ 部屋にマッチするデザイン（意匠）

スマートなデザイン

「どんなに素晴らしい性能も、スマートな外観に納められていなければ絶対に売れない」。デザインに定評あるメーカーのエンジニアの言葉です。これはB2Cだけでなく B2B にもあてはまります。ストーブは部屋の中の人目に触れるところに置かなければ、暖め性能を十分に発揮できません。ですから、インテリアとしての意匠デザインも、とくに重要となるでしょう。好感を持たれるデザインは、それだけでクライアントの選択にもつながります。

感覚的項目ですので、デザイン目標としては設定しにくいところですが、たとえば、

  q. A社Bモデルと比較して半数以上の人に好感を持たれる

など、クライアント評価を基準とすることもできます。

⑫ コーヒーをこぼしても掃除がしやすい
些細な点が満足に係わる

 熱せられたストーブにコーヒーをこぼせば焦げ付き、隙間に入り込んだ液体はなかなか拭き取れません。そのような経験があるユーザにとって、掃除のしやすさは選択のポイントとなるでしょう。長く使うためにも、簡単に掃除できることが望まれます。掃除のしやすい形状と材質にすることも、クライアントの価値をアップさせます。

 もちろん、飲み物をこぼされたくらいで故障されては困ります。ですから、この事象は環境条件にも加えます。室内にある、ありとあらゆるモノが製品には降り注ぐと考えます。

 クライアント要求は、

  r. 掃除しやすい形状
  s. 汚れが付着しにくい材質

とします。

3. デザインに必要な情報

表 3.1 クライアント要求リスト

ユーザの声	クライアント要求（デザイン目標）
① 予算は 3 万円以内	a. 同価格帯の他社製品より高いクライアント価値
② スイッチを入れてすぐに暖かくなる	b. 部屋に入ったときに暖かいと感じられる
③ 静か	c. 眠りを妨げない小さな動作音
④ 電気ストーブ	d. 空気を乾燥させない e. 空気を汚さない f. ユーザに動作を要求しない
⑤ 触ってもやけどしない・倒れても安全	g. ユーザに対して安全である h. 環境に対して安全である
⑥ すぐ壊れたら困る	i. 12 年間使用できる j. 修理できる
⑦ 温度調整できないと困る	k. 18〜30 ℃の範囲で温度調節できる
⑧ 寒い朝にスイッチがオンになっていてほしい	l. 寒さを判定できるタイマ機能
⑨ かさばらない大きさ	m. 許容サイズ：縦○○mm×横△△mm×高さ□□mm 以内
⑩ 女性でも簡単に動かせる	n. 部屋全体または特定の場所を暖められる o. 暖めたい場所を簡単に変更できる p. リモコンに加えて Wi-Fi（スマホ、PC 他）で操作・設定できる
⑪ 部屋にマッチするデザイン	q. A 社 B モデルと比較して半数以上の人に好感を持たれる
⑫ コーヒーをこぼしても掃除がしやすい	r. 掃除しやすい形状 s. 汚れが付着しにくい材質

(2) クライアント要求リストを作成する

表 3.1 に以上の検討から抽出したクライアント要求（デザイン目標）リストを示します。リストは、A 子さんのユーザシナリオを通じての分析結果です。

iii デザイン目標を定める

(1) 目標ツリーを作成する

デザインを始めるにあたっては魅力を高めるように、つまりクライアント価値となるようにデザイン目標を設定します。ここでは、**目標ツリー**を作成してクライアント要求の構造を明らかにするとともに解決案を考えます。

① 要求をグループ化する

表 3.1 のクライアント要求リストには 19 の項目が並びましたが、これらの中のいくつかは、他の要求と関連しています。たとえば、「b. 部屋に入ったときに暖かいと感じられる」と「c. 眠りを妨げない小さな動作音」はともに性能に係わることであり、「d. 空気を乾燥させない」と「e. 空気を汚さない」はストーブが作り出す環境に対する要求です。これらをグループ化すれば、以下のようになる

でしょう。

    b. 部屋に入ったときに暖かいと感じられる
    c. 眠りを妨げない小さな動作音

    d. 空気を乾燥させない
    e. 空気を汚さない

    n. 部屋全体または特定の場所を暖められる
    o. 暖めたい場所を簡単に変更できる
    p. リモコンに加えて Wi-Fi（スマホ、PC 他）で操作・設定できる
    k. 18 〜 30℃の範囲で温度調節できる
    l. 寒さを判定できるタイマ機能

次に、これらのグループの特徴を表す「グループ名」をつけます。

- 性能に対する要求グループ
  - b. 部屋に入ったときに暖かいと感じられる
  - c. 眠りを妨げない小さな動作音
- 環境に対する要求グループ
  - d. 空気を乾燥させない
  - e. 空気を汚さない
- 操作機能に対する要求グループ
  - n. 部屋全体または特定の場所を暖められる
  - o. 暖めたい場所を簡単に変更できる
  - p. リモコンに加えて Wi-Fi（スマホ、PC 他）で操作・設定できる
  - q. 18 〜 30℃の範囲で温度調節できる
  - r. 寒さを判定できるタイマ機能

② 要求を階層化する

　リストには、他の項目を包括する要求もあります。また、上位レベルの要求の実現手段となる項目もあります。たとえば、「o. 暖めたい場所を簡単に変更でき

る」「p. リモコンに加えて Wi-Fi（スマホ、PC 他）で操作・設定できる」は、要求「n. 部屋全体または特定の場所を暖められる」の実現手段です。要求間の関係を考え、階層化します。

- 操作機能に対する要求グループ
    n. 部屋全体または特定の場所を暖められる
        o. 暖めたい場所を簡単に変更できる
        p. リモコンに加えて Wi-Fi（スマホ、PC 他）で操作・設定できる
    k. 18〜30℃の範囲で温度調節できる
    l. 寒さを判定できるタイマ機能

③ グループを再配置する

デザイン目標のトップを「魅力的なストーブ」と定めて、各グループの配置を考えます。ここでは上位グループ、「価値」「ストーブの機能」「外形デザイン」「安全性・信頼性」をトップ直下のレベルとしました。また、上位グループ「ストーブの機能」には「性能に対する要求」「環境に対する要求」「操作機能に対する要求」グループを入れます。

図3.5に機能の構造を表す目標ツリーを示します。ここで、「f. ユーザに動作を要求しない」は、換気を求める必要はありませんので、ツリー外としました。

ところで、同じクライアント要求であっても、デザイン目標リストの構成が異なれば、できあがる目標ツリーも異なります。ですが、ツリーの構造そのものにこだわる必要はありません。「要求がすべて表される」ことを目標に作成すればよいのです。

目標ツリーを作ることは「目的」ではありません。デザインを進めるための「手段」です。要求同士の相互関係を明らかにし、さらには未解明の要求もあぶり出して、要求の全体像を明示することが目標ツリーの目的です。

(2) 目標ツリーから実現手段へ

目標ツリーを描いて要求の構造を明らかにするとき、デザインする人はそれぞれの要求に対する実現手段を考えます。

たとえば、「掃除しやすい」グループの要求である「r. 掃除しやすい形状」と「s. 汚れが付着しにくい材質」は、掃除しやすくするための解決手段となってい

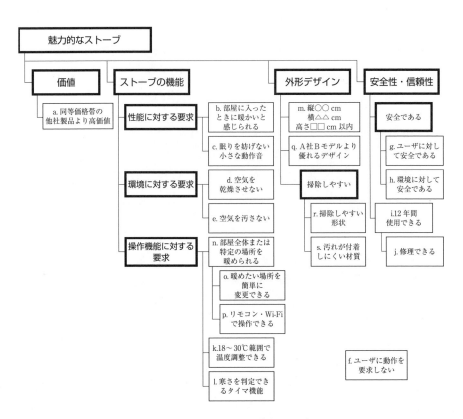

図 3.5　ストーブの目標ツリー

ます。これらからは、「凹凸のない表面形状」「フッ素樹脂を用いたケース」などの実現手段が考えられるでしょう。

　デザインでは、それぞれの要求それぞれに対する解決案を考えます。目標ツリーを作成して要求を分解・整理することによって、それぞれの解決案を見いだします。そして、それらを組み合わせて全体のデザインへと構成します。

3.3　環境条件に対応する

i　環境条件とは

エンジニアは、製品が直面する可能性がある環境と状況を想定します。そして、それらすべての環境と状況下で動作できるようにデザインを作ります。使用状況を想定できれば、対応したデザインは可能です。想定できなければ、対応は文字通り不可能です。「無事に動いてくれ！」と天に祈るしかありません。

実際に、使われる環境や状況の想定が不十分だったことが、多くの製品事故を招いています。福島第一原子力発電所も、津波の高さを想定できていれば、あれほどの大事故には至らなかったと考えます。「想定」することが、エンジニアの仕事です。「想定外でした」と記者会見で頭を下げるようでは敗北なのです。

デザインを完成するためには、クライアント要求をすべて定義するのと同じく、製品が使われるありとあらゆる環境と状況をリストにし、それぞれへの対応策を組み込むことが必要です。この製品が使われるありとあらゆる環境と状況のリストを**環境条件**とよびます。

ii 環境負荷に対するデザイン

クルマは当たり前のように走っていますが、じつはたいへんな環境負荷に耐えています。夏には日本一暑い町といわれる埼玉県の熊谷(くまがや)で40℃を超える気温の中、直射日光を浴びながら渋滞でもオーバーヒートすることなく走ったクルマが、冬には日本一寒い町といわれ、-30℃にも冷え込む北海道の陸別(りくべつ)で吹雪の中を走ります。さらには雨、雪、凍結、ホコリ、塩分にもさらされ、走行中は路面のデコボコに揺さぶられるのですが、それでもしっかりと走ってくれます。

海外では、さらに厳しい環境にさらされます。極寒(ごっかん)のシベリア、灼熱(しゃくねつ)のネバダの砂漠、高温多湿のアマゾン。道の穴ぼこも日本の比ではありません。過積載も当たり前、ガソリンの品質も劣悪です。そのような環境条件すべてがデザインに反映されているからこそ、壊れることなく走るのです。

かつては日本のクルマも、悪路の振動で故障、豪雨でブレーキ制動不良、水道水の不純物による冷却系の詰まり、多量の凍結防止剤（塩）による部材の腐食など、国内では想定できなかった環境に対応できずに故障していました。今日では、使用されるありとあらゆる環境と状況を想定し、デザインに対応策を組み込んでいるからこそ、高い信頼性を実現しているのです。

iii 環境条件をリストにする

使用環境には、気象や雰囲気などの自然環境に係わること、安定した電源が得られない、使われるオイルの不純物が多い、などの人工環境に係わること、そして誰が使うか、周囲に人がいるかなど人間に係わることがあります。

では、それぞれの環境を考えてみましょう。

(1) どこで使われるか

屋外で用いる装置では、日光（紫外線）、雨、雪とその付着、温度およびその変化、湿度、結露、凍結などの気象に係わること、大気（排気ガス、火山性ガス、塩分）、塵芥などの雰囲気に係わることを確認します。建造物では地震や台風、津波への対応も必要です。移動する装置では振動や衝撃も考慮しなければなりません。

短期的だけでなく長期的な影響も考えます。紫外線を浴び続けるとプラスチック材料は劣化します。大気中のオキシダントはゴムを硬化させ、硫化物は電気コネクタの接触を悪化させます。塵芥が堆積して植物が根を生やすこともあります。昆虫や蛇などの小動物の侵入も警戒します。電柱が木製だった頃は、キツツキに穴を空けられたこともありました。

屋外に比べれば屋内は、温度変化の幅も狭く、雨や凍結の心配もなく、環境条件的には楽です。それでも時間の経過による状態変化は考慮しなければなりません。プラスチック部品の絶縁性が低下したテレビ、排気口にホコリが詰まった電子レンジ、結露によって水分が付着した冷蔵庫などが出火した事例もあります。自然環境と周囲の状況、それらが及ぼす短期的・長期的影響をリストにします。

(2) どんなところで使われるか

たとえば日本の商用電源電圧は、電気事業法（施行規則）によって100 Vと200 Vと決められています。そして100 Vのコンセント電圧は95〜106 Vと規定されており、日本国内で使用する電気製品は、この電圧の範囲に余裕を持たせて、たとえば90〜110 Vの範囲で安全に動作するようにデザインされます。

ところが電源の電圧は、国や地域で異なります。アメリカで使うためには115〜120 V、ヨーロッパで使うためには220〜240 Vに対応しなければなりません。ですから、移動使用を前提としたスマホやノートパソコンの電源アダプタは、

3. デザインに必要な情報

図 3.6　誰でも使えるかニャ？

100 〜 240 V に対応しています。

　ところが異なるのは電圧だけではありません。それ以上に電源の安定性が異なります。20 % を超える電圧変動や、しばしば停電の起きる地域もあります。停電多発地域では、冷蔵庫に停電時動作用バッテリーを組み込むことがクライアント価値となるでしょう。けれども年間平均停電時間約 20 分の日本では、冷蔵庫のバッテリーに価値を認めるユーザはいないでしょう。

　とはいっても日本でも、雷によって電源は瞬断します。ですから、デスクトップパソコンに無停電電源を用いるユーザもいます。

　あるいはクラウドサービスでは、通信回線の速度や容量が制約となります。話は横道にそれますが、私の勤務先の学校は大容量の光回線で外部とつながっています。未明から夕方までは快適な Wi-Fi 環境です。ところが放課後には通信速度がガタ落ちします。なぜかというと、学校には寮があります。寮も同じ光回線を使用しています。もうおわかりと思いますが、多数のオンラインゲームが回線負荷となっているのです。

(3) 誰に使われるか

　「触ってもやけどしない・倒れても安全」の項で考えたように、ユーザおよび周

りの人に対しての安全が製品には必須です。「誰に使われるか」は文字通り、人間と製品との接点です。

ユーザには老人もいます。ハンディキャップを持った人もいます。思わぬところで操作を難しく感じたり、あるいは操作そのものができなかったりもします。日本語や英語で記された注意書きを読めない人や、読めても注意書きを読まない人がユーザとなります。ですから、誰もが使えるユニバーサル・デザインを考えます（図3.6）。

室内では、ありとあらゆることが起こります。つまずく、蹴飛ばす、倒れ込むなどは日常茶飯事です。不要な突起や鋭利な断面を露出させない配慮も必要です。コーラをこぼされることも、ゴキブリが逃げ込んで殺虫剤を吹きかけられることもあるでしょう。人間だけではありません。ペットの猫が可燃物をストーブに触れさせたり、犬が電源コードをかじって火災になった事例もあります。

シュレッダが家庭に普及し始めた頃、投入口に子どもの指が巻き込まれて大ケガをした事故がありました。この事例も、子どもが指を入れることを想定していなかった（ただし、大人の指モデルでは確かめられていた）のが一因です。

このように、製品に接する人（＋ペット）とその行動を想定して環境条件リストに加えます。

3.4 制約条件を明らかにする

i 制約条件とは

クライアント要求あるいは環境条件以外にも、デザインには組み込まなければならない事項があります。これらを**制約条件**とよびます。制約条件は、クライアント要求や環境条件と同じく、デザインの初期段階において明らかにしなければなりません。製品ができあがってから対応が必要だとわかったのでは、修正のために労力と費用が消費されます。最悪の場合、できあがった製品は売ることのできないガラクタとなるかもしれません。

制約条件には、

(1) 法律や規則などの明文化された制約

(2) 慣習や社会通念などの明文化されていない制約
(3) 既存の装置・設備、デファクトスタンダード
(4) 調達・組立・製造（知的財産）・流通
(5) アフターサポート
(6) 環境保護・持続可能性

があります。以下、順に確認していきましょう。

ii 制約条件をリストにする

(1) 法律や規則などの明文化された制約

　製品が法令に従わなければならないことは、説明を要するまでもないでしょう。例をあげれば、日本国内で電気製品を販売するには、電気用品安全法にしたがって届け出が必要です。プログラムの制作・販売に届け出は必要ありませんが、欠陥によって損害を与えたときには製造物責任法（PL法）に規定される損害賠償の責務を負います。自動車は道路運送車両法に基づいて、自動車型式指定規則に定められた申請をして型式指定を受けなければなりません。製品によっては業界団体による基準、たとえば自転車安全基準や玩具安全基準もあります。

　これらの法令や基準、JISなどの規格は、デザインを制限する「制約」というよりも、安全を確保し、信頼を得るための「方法」です。たとえば、認証されたパーツを使用すれば、デザインと製造に要する時間とコストを低減し、信頼性と安全性を担保できます。

　あるいは海外で販売するのであれば、その国や地域の法令や規則に適合させなければなりません。アメリカではUL（アメリカ保険業者安全試験所）認証を要求され、ヨーロッパではRoHS（電気・電子機器に含まれる特定有害物質の使用制限に関する欧州議会及び理事会）指令に従わなければなりません。

(2) 慣習や社会通念などの明文化されていない制約

　制約は、明文化されたものだけではありません。明文化されていなくても、慣習や社会通念が制約となることもあります。たとえば、タッチパネルにアルファベットキーを配置するとき、タイプライター文化のある欧米ではQWERTY配列としても問題ないでしょう。

```
        Q W E R T Y U I O P
         A S D F G H J K L ;
          Z X C V B N M , .
```

　けれどもキー配置を知らない日本人には、これは迷惑な配列です。

　また、日本の自動販売機は「お金を入れてから商品ボタンを押して」購入します。しかし、欧米の自動販売機は、「商品ボタンを押してからお金を入れる」という順序です。商品を選んでいなければ、お金を入れても戻ってきます。さらに日本では「いくら投入した」と投入金額が表示されますが、欧米では「あといくら」と不足金額が表示されます（図3.7）。

　このように、思わぬところで慣習の違いがあります。製品も同じです。思わぬところでユーザを戸惑わせているかもしれません。

(3) 既存の装置・設備、デファクトスタンダード

　既存の装置や設備、デファクトスタンダードが制約となることもあります。

　たとえば、既設の蛍光灯や白熱電球と置き換え可能なLEDランプは、既存のランプと機械的にも電気的にも交換可能でなければなりません。ビルトインのオーブンや食器洗い機は、既存のキッチンカウンターにぴったり収まるサイズでなくてはなりません。新型の旅客機は、空港のゲートに入れる大きさでなくてはなりません。

　リモコンは「赤外線の点滅（コード）」を送信してテレビやエアコンを操作します。新たなリモコンを採用するときには、既存の機器と干渉しないようにコードを決めなければなりません。日本製リモコンは、業界団体が定めたコードを使っているので干渉はありません。しかし、輸入機器のリモコンのなかには、日本のコードをそのまま流用しているものがあり、他の機器が動いたというトラブルも報告されています。

　デファクトスタンダードとは、JISのような公的標準ではなく、あるメーカーの規格が広く採用された結果の「業界標準」です。たとえばWindowsもAndroidも、あるメーカーの仕様であって、公的機関が決めた標準ではありません。

　アプリケーションソフトウエアは、これらのシステム（プラットフォーム）の

3. デザインに必要な情報

図3.7 お金を入れたニャ……

上で動くように作ります。このためプラットフォームがバージョンアップされると、動かなくなることがあります。CやJAVAなどのコンピュータ言語も、開発された後にANSI（米国規格協会）やISO（国際標準化機構）が標準を定めましたが、処理系ごとに多少の違いがあります。ですからプログラマは、処理系に合わせてプログラムを修正しなければなりません。

さらにソフトウエアは、セキュリティソフトウエアや日本語プリプロセッサなど他のプログラムと干渉して動かなくなることがあります。ところがユーザには、原因がどこにあるのかわかりませんので、「おたくの製品、動かないよ」とクレームが入り、対処を強いられることにもなりかねません。

(4) 調達・組立・製造（知的財産）・流通

資材やパーツの調達、工場における組立製造も制約となることがあります。原材料が入手できるか、為替レートの変動で調達コストがアップしないか、製造に間に合うよう納品されるかなど、製造に係わる条件もデザインの段階で考慮します。

また、製品が他社の知的財産を侵害していないことも確かめなければなりません。装置の内部構造や動作だけでなく、製造方法も他社特許に抵触していないことをチェックします。

商品によっては流通も重要な要素となります。書籍は本屋さんの棚に入るサイ

ズでなければ、店頭に並べてもらえません。大型の機械や建設構造物は、梱包したときにトラックに載せて運べるサイズであることを確認し、運べないのであれば、運送方法や現地での組立据付を考慮しなければなりません。

(5) アフターサポート

　アフターサポートも制約条件と考えます。とくにソフトウエア製品では、ユーザからの質問に答えるユーザサポートがなければ、ユーザは次の製品を購入するリピータとならないでしょう。

　また、ハードウエア製品は必ず壊れます。いくら耐久性を向上させたとしても、想定外の使い方をするユーザが必ずいます。ですから、修理サービスや補修パーツ供給などのアフターサポート体制が必要です。

(6) 環境保護・持続可能性

　環境に対する配慮も必要です。製造、流通に伴う廃棄物を最小にし、使用後もできるだけリサイクルできるデザインとします。そして製造から使用の期間を通じてのエネルギー使用を最小にし、原材料の採掘から、輸送、加工、製造、流通、販売、使用、そして廃棄までのライフサイクルコストを最小にするようにデザインします。

　デザインにおいて配慮がなされているかによって、維持管理に要するコストも、廃棄に要するコストも大きく異なります。たとえばプラスチックのパーツと金属のパーツが接着されていると、解体に時間と労力を要します。ここを使用中は外れず、解体時に取り外しできる構造にすることは、デザイン段階での仕事です。自動車メーカーでは、解体に要する時間まで検討されています。ペットボトルのラベルも手で外せるようにデザインされているから、簡単に取れるのです。

3.5　要求と条件を確実に達成するための評価基準

　クライアント要求が満たされたかどうかは、最終的には使ったユーザが判定します。ですが、製品が完成してから「この機能を加えてほしい」といわれたのでは手遅れです。最悪でも製造に着手するより前、遅くともデザイン・プロセスの段階、できる限りデザインのスタート前に、すべてのクライアント要求を定義す

ることが重要です。

　また、デザインは一度にすべてができあがるわけではありません。全体の構成からそれぞれの細部に至るまで、段階を追って作り上げられます。たとえば、コントローラにセンサとマイコンチップを使うと決め、それぞれに必要な性能を見積もり、機種を選定します。ところが見積もりが甘く、プリント基板の設計も完了し、マイコンチップのプログラムも書きあがった段階でセンサの性能不足が判明すると、「手戻り」となってしまいます。手戻りになってはたいへんです。作業はすべてがやり直しとなり、計画は遅れ、開発費用は増大します。

　デザイン・プロセス途上での手戻りを防ぎ、すべてのクライアント要求、環境条件、制約条件をすべて満たしたデザインを作るためには、各段階で要求や条件の達成、あるいは最終的に達成される見込みを確認しながらデザイン・プロセスを進めることが必要です。その確認のためのデザイン・レビューをデザイン・プロセスのステップごとに設定します。

　評価基準は、確認のためのチェックリストです。最終的にはクライアント要求から定められた仕様数値が評価基準となりますが、デザインの途上では、プロセスに定められた手順を踏んでいるかが確認の対象です。たとえば、想定される最高と最低の温度での動作がシミュレーションされ、その結果が妥当なものかの確認です。

　要求や条件の項目によっては、数値として定めることが難しいものもあります。たとえば、安全に関しては自社製品の過去トラブル、製品評価技術基盤機構の事故情報収集・調査報告書[7]、失敗知識データベース[8]などを研究し、チェックリストを作成します。ただし、チェックリストにある事例から開発中のデザインへと類推して考えるためには、失敗知識をどう展開するかを考えなくてはなりません。これについては7章で議論します。

3.6　デザインの作業はすべて、クライアント価値を作り出すために

i　クライアントの求める価値を作る

　たとえば、3.2に登場したA子さんは電気ストーブを購入したいと考えていました。しかし、それは「解決手段」であって彼女の求めていたものではありませ

ん。彼女の求める価値は「寒くない静かな夜」や「暖かい冬の朝」であり、それらを手に入れる手段としてストーブを考えました。

人は、価値を手に入れるためにお店に行き、商品を調べるために時間を使い、購入するためにお金を払います。時間とお金というコストを使って、コストに値する価値を手に入れられるかどうかを考えます。

したがって、エンジニアが考えなければならないことは、クライアントが何を価値と認めるかです。さらにエンジニアが実現しなければならないことは、クライアントが払うコストに見合う価値の提供です。

ストーブにヒータを実装し、外形を考え、安全な製品として、さらに設計上の標準使用期間の信頼性を確保することはエンジニアの仕事です。そして、その仕事はクライアントにとっての価値を実体化する作業です。いいかえるならば、エンジニアの仕事はパーツを選ぶことも、アセンブリを作ることも、製品の性能をデザインすることも、すべてクライアント価値を作り出すためにあります。クライアントにとっての価値が生み出されないのであれば、どれだけ高精度のコントロールプログラムを開発しても、画期的な省エネを達成しても、すべて無駄となってしまいます。

もちろん価値は人によっても、また、時代によっても変化します。ですから、ターゲットとなるクライアントを定め、現時点だけでなく、将来にわたっても失われない価値が何かを明らかにしなければなりません。

「これだけの開発費と人材を投入したのになぜ売れないのだ」と嘆いてもあとの祭りです。価値を明らかにし、その実体化に向かいます。

ii 新しいデザインを生み出す

(1) 製品を知る

クライアント要求についての議論では、製品例として電気ストーブを選びました。身近な例だったので、これまでの議論もおわかりいただけたでしょう。

ところが、年間を通してストーブを必要としない地域の方には、意味不明な議論だったかもしれません。誰しもそうですが、よく知っている製品については議論できても、知らない製品ではできません。

エンジニアも同じです。デザインを作るためには、その製品を熟知していなければなりません。どのような原理で動作するのか、構造はどうなっているのか、

コントロール方式は何を用いているかなど、内部を詳しく知っていなければ、何かを変更したときに、どう変化するかの判断もできません。

たとえば電気ストーブの熱源はヒータです。ヒータの種類や特徴を知っていれば、他のヒータを考えることもできます。ヒータに求められる機能や必要とされる性能を知っていれば、代替方式を考えることもできます。しかし、知らなければ考えることはできません。

誰よりも製品をよく知り、ユーザ以上に彼らの求めているところを知るエンジニアであれば、クライアント価値となる新しいデザインを生み出せるのです。

(2) 改良こそエンジニアリング

私たちの身の回りにある人工物は、すべて誰かが考え出したものです。けれども、考え出されたそのままの形で使い続けられているのではありません。考え出した人に続く多くの人たちが改良を続けた結果として、現在の形があります。

トーマス・エジソンは、電球を実用的な寿命を持つ製品へと改良しました。そして電球を点灯するために、電気を家々に送り届けるシステムを開発し、事業化しました。しかし現在、私たちが使っている照明器具も、電力会社が送電するシステムも、エジソンが発明したものとは異なっています。蛍光灯やLED照明はエジソン以降に発明されたものですし、送電には彼が採用した直流ではなく、交流が使われています。

リチャード・トレビシックは蒸気機関車を発明しました。それに続くジョージ・スチーブンソンは公共鉄道を事業化し、新幹線の線路の幅もスチーブンソンが決めた1435㎜を採用しています。しかし現在、レールの上を走っているのは蒸気機関車ではありません。電気あるいはディーゼル機関車です。

エンジニアは、製品やシステムが未来のユーザにどのように使われるかを想定し、求められる機能や性能を考えます。より使いやすく、より安心して使えるようにするためには、どうデザインを変更するかを考えるのですが、それは、未来のユーザと製品の姿を想定するところから始まります。ときには、壊れやすい箇所の修正のような既存弱点の解決もありますが、このときにも、未来のユーザが悩まされないような製品の姿を考えます。未来の姿へ近づけようとすることが、新たなデザインです。

(1) 狩野紀昭、瀬楽信彦、高橋文夫、辻新一、「魅力的品質と当り前品質」、『品質』、Vol. 14 (2), pp. 147-157, 1984
(2) 1DK：1部屋の居室とダイニングテーブルを置いて食事ができる程度の広さのある台所（ダイニングキッチン）を有する住宅の間取り。
(3) 久米是志、『「ひらめき」の設計図』、小学館、2006
(4) dB：デシベル。音圧であることを表すため、dB SPL (Sound Pressure Level) とも示される。dB は対数値である。人間に聞こえる最小の音（と考えられた音圧）を基準の 0 dB として、音のパワーが 10 倍になるごとに +10 dB ずつ dB 値が大きくなる。
(5) 湯之上隆、『日本型モノづくりの敗北　零戦・半導体・テレビ』、文春新書、2013
(6) 強制吸排気方式（Forced draught balanced Flue type）。
(7) （独）製品評価技術基盤機構、製品安全、http://www.nite.go.jp/jiko/report/annual/index.html
(8) 失敗学会、失敗知識データベース、http://www.shippai.org/fkd/

4. デザイン案を考える

この章のテーマは、デザインの種となるアイデアです。そのためには製品を「機能」として考えます。直接に実現したいことを考えるのではなく、機能として抽象化します。できる限り探査領域を広げ、よりよいアイデアを得るためです。章の後半ではアイデア発想・収束技法としてブレインストーミングとKJ法を紹介します。

4.1 機能から考える

i 機能とは

ある人の机の上には、パソコン、ディスプレイ、プリンタ、マウス、マウスパッド、USB メモリ、電源ケーブルと接続ケーブル、テーブルタップ、名刺入れと名刺、ドライバーが何種類か、ペン立てにはカッターナイフ、はさみ、ボールペン、鉛筆、ラインマーカーがささっています。その他に、積み上がっている

図 4.1 すべての人工物には機能がある

本と封筒とレポート用紙とプリンタの出力紙、新聞、消しゴム、拡大鏡、クリアファイル、貼ってはがせるメモ用紙、定規、それからガラクタと、多数の人工物が散乱しています（図 4.1）。

　これらの人工物はすべて、何らかの役割を果たすために作られています。要求を実現するための**機能**を有しているともいえます。あるいは、機能を実現するようにデザインされたと考えてもよいでしょう。

　では、これらの人工物から遡って、機能について考えてみます。

ii　機能は「目的語＋動詞」の形で表す

　機能は「〜を……する」、つまり「目的語＋動詞」の形で表します（例外もあります）。それでは、机の上のモノの機能を考えます。

パソコン	ソフトウエアを実行する
ディスプレイ	（コンピュータソフトウエアの）出力を表示する
プリンタ	（コンピュータソフトウエアの）出力を印刷する
マウス	平面上の移動・指示情報を（コンピュータに）入力する
マウスパッド	（指示位置の正確な）入力を助ける
USB メモリ	情報を記録する
電源ケーブル	（コンピュータなどに）電気エネルギーを伝える
接続ケーブル	（ディスプレイに）コンピュータの出力を伝える
テーブルタップ	電源ラインを延長する
名刺入れ	名刺を収納する／整理する
名刺	（個人や組織などの）情報を伝える
ドライバー	ネジを締める／緩める

　このように機能は「目的語＋動詞」の形に表すことができます。

　読むだけでは面白くないでしょうから、読者も考えてください。まずは「　」に入る適当な動詞を考えてみましょう。

ペン立て	文房具を「　(1)　」
カッターナイフ	紙などを「　(2)　」

4. デザイン案を考える

　　はさみ　　　　　　紙などを「　(3)　」
　　ボールペン　　　　文字や絵を「　(4)　」
　　鉛筆　　　　　　　文字や絵を「　(5)　」
　　ラインマーカー　　文字を「　(6)　」

　ちなみに答えは (1) 収納する、(2) 切る、(3) 切る、(4) 書く（描く）、(5) 書く（描く）、(6) 強調する／目立たせる、などです。次は目的語を考えてみましょう。

　　本　　　　　　　　「　(7)　」を伝える
　　封筒　　　　　　　「　(8)　」を包む
　　レポート用紙　　　「　(9)　」を書かれる（描かれる）
　　プリンタ用紙　　　「　(10)　」を印刷される
　　新聞　　　　　　　「　(11)　」を伝える

　目的語は、(7) 情報（知識）、(8) 手紙（便箋）、(9) 文字や図、(10) ソフトウエアの出力、(11) ニュース（情報）、などが入るでしょう。それでは最後に、両方を考えてみましょう。

　　消しゴム　　　　　「　(12)　」を「　(13)　」
　　拡大鏡　　　　　　「　(14)　」を「　(15)　」
　　クリアファイル　　「　(16)　」を「　(17)　」

　答えは、(12)（鉛筆で描かれた）線、(13) 消す、(14) 対象物、(15) 拡大する、(16) 紙、(17) 収納する／整理する、などです。消しゴムは「線を消す」としましたが、「文字を消す」あるいは「絵を消す」でも OK です。拡大鏡も「（モノの）細部を見えるようにする」としてもよいでしょう。
　さて、以下は複数の機能を持っています。

　　貼ってはがせるメモ用紙　　メモを記す／目印として貼り付ける
　　定規　　　　　　　　　　　長さを測る／直線を引く補助をする

そして最後です。これは機能ではありませんが、

　　　ガラクタ　　　　　　　　　（所有者が）捨てることができないモノ

このように人工物はすべて、何らかの機能を有しています。何らかの目的を持って作られたのですから、その目的を果たす機能があるのは、当然といえば当然です。いろいろなモノの機能を考えると、製品の役割を考えるきっかけとなります。そして製品の役割をあらためて考えることは、よりよい解決案を探す手助けとなります。

iii 複合する機能

　貼ってはがせるメモ用紙や定規のように、複数の機能を果たすモノもあります。たとえば、これらのモノが置いてある机です。机には、コンピュータや食器といった「モノを置く」機能があります。そして、勉強や仕事など「(作業しやすい) 平面を提供する」機能も求められます。

　ときには、天井の蛍光灯を交換するときに「踏み台（人を載せる）」機能を発揮させられることもあるでしょう。あるいは、どこかの学校の一部ユーザからは「枕」機能が要求されるかもしれません。これら「目的外使用」も、あり得る使い方です。踏み台とされても壊れない頑丈さは必要です。けれども目的外、たとえば「熟睡できる枕」としての機能は必要ないと考えてデザインすべきでしょう。むしろ「寝られない机」のほうが、価値は高まるに違いありません。

　机には特定の機能をよりよく果たすためのバリエーションもあります。たとえばデスクとよばれる事務机や学習机、テーブルとよばれるダイニングテーブル、ソファテーブル、カフェテーブルや作業台、あるいはカウンタとよばれる調理台や流し台です。それぞれに求められる機能を明らかにし、デザインの焦点を絞ることによって、目的に適した、より使いやすく、より優れたデザインを作ることができます。

iv エンジニアから見た機能・ユーザの求める機能

　製品によっては、ユーザが製造者の想定を超える使い方をすることがあります。

たとえば貼ってはがせるメモ用紙。粘着力があるけれども対象物に痕跡を残さないではがせる、接着剤の付いたメモ用紙です。

よく付いて簡単にはがすことのできるこの接着剤は、強い接着剤を作ろうとしたときの「失敗作」でした。しかし開発者は何かに使えると信じて、この失敗作を捨てないで使い道を探しました。そして5年後、「しおり」として使えるとのアイデアが出され、さらに2年以上の開発期間をかけてメモ用紙として製品化されました。[(1)]

今日から考えると、なぜ、こんな便利なモノの用途を見つけるのに5年も要したのか不思議です。ところが発売開始前のマーケティング調査では「値段の高いメモ用紙など要らない」と、まったく評価されなかったそうです。このように未知の製品の評価は、たいへん難しいことです。

「貼り付ける」機能を付加された「しおり」は、本のページから落ちなくなり、よりよく働きました。ところが貼った後に「きれいにはがせる」ことに気づいたユーザは、さらにさまざまな使い方を見つけました。付箋として書類に貼り付けられ、そこに「10月10日まで」のようなメモや、「〇〇様よりお預かり」のようなメッセージも記されるようになります。このように、元の書類にキズを付けずに情報を伝達、あるいは表示する媒体としての用途も広がりました。

さらにこのメモ用紙は、任意の位置に繰り返し移動できます。置いたところに貼り付きますから、不用意に動いたり飛ばされたりすることもありません。そこで「考えたことやしゃべったことをメモにして、グループでアイデア討議する」などの新しい使い方も編み出されました。

4.1 ii では、貼ってはがせるメモ用紙の機能を、「メモを記す／目印として貼り付ける」としました。ところが、使う側から見たメモ用紙は「情報を伝える／記憶する／表示する」情報伝達ツール、あるいは「アイデアを広げる」思考ツールとして機能しています。

このように、作る側の視点と、使う側の視点が異なることもあります。作る側の視点だけから考えていては、ユーザの求めているデザインは作れません。ユーザ視点からの機能をしっかりと確認します。

また、パソコンの機能は「ソフトウエアを実行する」としましたが、これもユーザ視点ではありません。メーカーの、それもハードウエア担当者の視点です。ユーザは、「文章を書く／データを集計する」ビジネスツールとして、「ホームページを見る／メールやブログを書いて送る」通信ツールとして、「ネットゲー

ムをする」ゲーム機として、あるいは「アイデアを膨らませる／デザインする」など、自身の使い方から機能を見るでしょう。

　ユーザの求める機能を実現することが大切です。CPUの処理速度を高くし、グラフィックの処理能力をアップすれば、ゲーマーは喜ぶでしょうが、移動の多いユーザはバッテリー消費が気になるかもしれません。写真を扱うプロは、ディスプレイの発色が関心事でしょう。ユーザがどのように製品を使うかを調査または観察し、新しい製品はどう使われるかを予測して、求められる機能をデザインします。

　余談ですが、貼ってはがせるメモ用紙のもっとも画期的な使い方は、嚙み終わったガムを捨てる包み紙でしょう（ボトル入りのガムに入っています）。このときは「メモを記す」ことも「貼り付ける」こともありません。ただ、使われるまでくっついていて「使うときに簡単にはがせる」機能が求められています。

V　機能と実現手段

　機能の実現手段はひとつとは限りません。たとえば、カッターナイフとはさみの機能は、どちらも「紙などを切る」でした。ですが、この両者は機能を実現する原理が異なります。カッターナイフは尖った先端を対象物に押しつけることにより、局所的に引張応力(ひっぱり)を発生させます。これに対してはさみは、2枚の刃の間に対象物を挟んでせん断応力を発生させます。同じ機能を実現するデバイスですが、それぞれ別の原理を実現手段に用いています。

　異なった実現手段を採用したデザインは、異なった操作性を持ちます。カッターナイフには、対象物以外を傷つけないためにマットを敷かなければなりませんが、繰り返し応力を発生させて何十枚もの紙や厚い対象物もカットできます。一方、はさみはマットを必要としませんが、一度に切れる枚数には限りがあります。

　「切る」目的に対しては、対象物によって異なるデザインが作られました。電線を切るためには一直線上に圧縮応力を加えて対象物を破断するニッパがデザインされました。材木を切るためには、ノコギリがデザインされました。ノコギリは引張応力を利用する点ではカッターナイフと同じですが、その刃には「切りくずを排出する」機能が付加されています。ノコギリは、エネルギー源が人力から電力となり、往復運動から回転運動を用いる丸鋸へと変化しました。また、立木を

切るためには、引張応力を発生できる範囲を広げたチェーンソーがデザインされました。

　工業的には、まったく異なった手段も用いられています。レーザ光による熱、金属に限られますが極細の金属線からの放電、またはプラスチックに限られますが電熱線からの熱によって対象物を昇華あるいは溶かす、あるいは研磨剤を混ぜた高圧水を吹き付けて引張応力を加える（削り取る）などです。

　このように「切る」機能には、対象物に応じてさまざまな実現手段が使われます。ですから機能定義に際しては、目的語をしっかりと定義する必要があります。「紙など」では漠然とし過ぎで、「2 mm 厚以下の紙やプラスチックシート」のように、対象物をはっきりとさせてデザインのターゲットを絞ります。

　ここで「何でも切れる」とターゲットを広げる戦略もありますが、このときも対象物を列挙して評価対象を定めます。対象物をあやふやにしたままでは、思わぬところで意見の食い違いが生じます。

vi　要求→機能→実現手段

　熟達したエンジニアはクライアント要求の解決を図るとき、いきなり解決手段（方法）を決めたりはしません。まずは、要求を実現するための機能を考えます。より広く実現手段を探求するためです。

　手段を考え始めると、思いついた手段をどう活かすかにどうしても意識が集中し、他に使える手を探れなくなります。そもそも、その思いついた手段は、ベストな選択ではないかもしれません。より容易に解決へとたどりつける、あるいは、より高度に解決を実現できる手段が未発見のまま眠っている可能性もあります。デザインの初心者は目的、つまりは何をするためかを考えないで、往々にして思いついた最初の手段で突っ走り、他の方法を探すことに考えが及びません。

　そうした事態を防ぐために、まずは要求を解決するために必要な機能をリストにします。要求をすべて機能に置き直してから、その機能を実現できそうな手段を探します。うまく実現できそうになくても、少しでも可能性のありそうな手段はリストに加えます。難しそうだと思ったことが意外と簡単にできることも、これならできると思ったことが最後までトラブル続きとなることもあります。十分に検討せずに案を破棄しては、あとで悔やむことになるかもしれません。この段階では、可能性をできるだけ集めます。

その後に、集めた手段リストを検討します。完成までの可能性、どれだけのリソースや労力を必要とするのか、超えなくてはならない技術的／経済的な課題、製造上の問題点が予想されないかを評価します。さらに、その案を完成させたときの要求に対する満足度や、将来に予測される機能の拡張にも対応できるかを検討します。

そして、ベストの手段を選んでスタートします。選ばれた手段は、いきなり思いついた手段よりは、デザインを早く確実にゴールに到着させるでしょう。

4.2 機能解析

i 製品とは「入力」と「出力」のある箱

「こんなこといいな　できたらいいな」[(2)]で始まるのは、ご存じの国民的大人気アニメの主題歌です。そしてデザインのスタートも「できたらいいな」です。「できたらいいな」と期待される要求を「できた！」に変換することが、エンジニアの仕事です。

4.1では、機能を「〜を……する」と「目的語＋動詞」の形で表す方法を紹介しました。この他にも、「〜を入力して……を出力する」あるいは「〜入力を……出力へと変換する」と表す方法もあります。複雑なエンジニアリング製品、とくにエネルギーの入出力があるときには、これらの表記法が有用です。

ii ブラックボックスモデル

機能解析では、装置やシステムの働きを「ブラックボックスモデル」に表し、要素の流れを考えます（図4.2）。ブラックボックスは入力を出力に「変換」します。つまりブラックボックスは、入力を出力に変換するためのすべての機能が詰まった箱なのです。これからデザインするモノは、この箱の中身です。

ちなみにエンジニアは、ブラックボックスモデルが大好きです。xを入力、yを出力として、$y = f(x)$などと式に表して、運動方程式だとか回路方程式といって喜んでいます。

しかし数式で表せる問題は、理系の人にとっては、まだ簡単です。人間とか社

図 4.2　ブラックボックスモデル

会とかが絡んでくると、数式にあてはめることはできません。そして現実は、数式では解けない問題のほうが圧倒的に多いのです。ですから大多数のブラックボックスは、言葉でしか動作を表現できません。

　ブラックボックスには、メイン入出力の変換に必要となる補助入出力を加えることもできます。たとえば、電気掃除機は、「広がったゴミを集められたゴミに変換する」装置です（図 4.3）。装置の動作時には電気エネルギーを必要とし、同時に騒音、排気、熱を排出します。ここでメイン機能（変換）が実行されるために必要な「電気エネルギー」が補助入力、実行に伴う「騒音、排気、熱」が補助出力となります。これらの補助入力と補助出力は、できればゼロにしたいものです。たとえば、補助入力であるエネルギーを減らせれば省エネになりますし、補助出力である熱や騒音、振動の減少はユーザに喜ばれるでしょう。

iii 情報の流れ

　ブラックボックスの入出力は物質とは限りません。たとえば自動販売機をブラックボックスモデルとして考えてみましょう。

　自動販売機への入力は、お金と、商品の選択です。購入者から見た自動販売機の入出力は、図 4.4 となります。

　これをブラックボックスのメイン入出力で表せば、図 4.5 となります。複数の

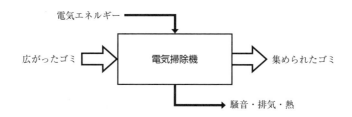

図 4.3　電気掃除機のブラックボックスモデル

図 4.4 購入者から見た自動販売機の入出力

メイン入出力がありますが、これらはすべて自動販売機とユーザのインタフェースに使用されている要素です。自動販売機の動作に必要な要素ですから、補助入出力ではありません。

ここでお金と商品と返金（おつり）は「物質」ですが、商品選択、商品情報、売り切れ表示、つり銭切れ表示、投入金額表示は「情報」です。このようにブラックボックスの入出力の多くは情報となります。

iv ブラックボックスを透明ボックスに変換する

いうまでもなく自動販売機はエンジニアリングシステムであり、下位の要素の組合せによって構成されています。それらの下位要素をサブボックスとしてダイ

図 4.5 自動販売機のブラックボックスモデル

4. デザイン案を考える

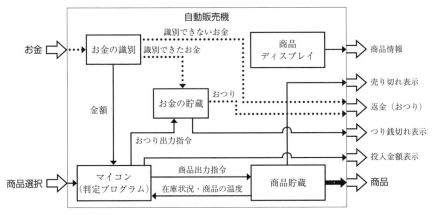

図 4.6　自動販売機の透明ボックスモデル

アグラムに表します（図 4.6）。ダイアグラムでは、商品の流れを太線で、お金の流れを点線で、情報の流れを細線で示しています。このようにサブボックスの間を図示することにより、モノや情報やエネルギーなど、それぞれの流れを表すことができます。

次に、それぞれのサブボックスの機能を考えます。たとえば「お金の識別」ユニットは、カメラやセンサを使って貨幣が本物かニセ物かを見分けます。「マイコン（判定プログラム）」は、投入された金額と商品の価格を確認して「商品貯蔵」に指令を送ります。「商品貯蔵」は指令に応じて商品を出し、在庫状況および商品の温度をマイコンへ伝えます。

それぞれのサブボックスの中にも、さらに下位のユニットがあります。「商品貯蔵」には冷却・加温するためのコンプレッサーや熱交換機があり、コンプレッサーには圧縮用のロータ、ロータを駆動するモータ、モータをコントロールする電子回路と、サブボックスも下位の構成要素（サブボックス）の組合せであり、さらに下位のサブボックス、そしてまた下位のサブボックス……、と最小要素であるパーツまで分解できます。

ここで、自動販売機を組立製造するメーカーの立場では、自社で製造する範囲、たとえばお金の識別ユニットを他社から調達するのであればユニットまで、判定プログラムを搭載するマイコンボードを自社製造するのであれば、そこで使用する CPU や IC やコネクタなどのパーツまでを、サブボックスに分解します。調達するユニットやパーツのレベルまで解析できたとき、自社で製造するすべてが

89

明らかになります。このとき、ブラックボックスは透明ボックスとなっています。

透明ボックスは文字通り、ブラックボックスがどのように構成されているかを表すダイアグラムです。それぞれのサブボックスの実現手段を考案し、それらすべてを組み合わせることができれば、製品の基本構成ができあがります。

エンジニアリング・デザインでは、まず要求を明らかにし、その要求を果たす機能を考え、さらに機能を細分化して解析することにより、システムに必要な要素を明らかにします。そして解析された機能を実体化して再構成することにより、システム全体を組み立てます。機能解析は、構成を決めるために有用な解析法なのです。

4.3 洗濯機は「洗う」のではなく「汚れを取り除く」もの

i 製品機能を考える

ブラックボックスを用いれば、時間やプロセスの流れを追った機能解析もできます。洗濯機を例に考えます。

洗濯機は「汚れた服を汚れを取り除いた服に変換する」ブラックボックスです。メイン機能を実行するときに水と洗剤を使用し、汚れた水を排水しますから、これらが補助入力と補助出力となります。動作エネルギーと騒音、振動などを除いたブラックボックスモデルで表せば、図4.7となります。

ここで洗濯機の変換方法を考えてみます。一般的には、洗剤と水を用いて服を「洗い」ます。「洗濯板を用いて自分で洗う」か「洗濯機に洗ってもらう」か、デバイスは異なったとしても、洗濯物にとって水で「洗われる」点は同じです。

ところが私たちは、日常生活の中で服に汚れが付くと、

- 洗い流す（一般的方法）
- 拭き取る
- 引きはがす
- 吹き飛ばす
- たたき出す
- 揉み落とす

4. デザイン案を考える

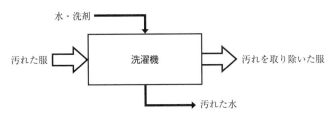

図 4.7　洗濯機のブラックボックスモデル

- 溶かし出す
- 吸い取らせる
- 取り外す
- 吸い取る

などの多様な手段を用いて「取り除き」ます。たとえば、

- ラーメンの汁が飛び散ったときには、お手ふきで「拭き取ろう」とします。
- ご飯粒が付いて固まっていたら、爪でガリガリと「引きはがそう」とするでしょう。
- ホコリが付いていたら、息をフーッと吹きかけて「吹き飛ばす」こともあるでしょう。
- 砂ボコリをかぶったら、手で叩いて「たたき出そう」とします。
- 染みこんだ汚れが乾いてしまったら「揉み落とす」でしょう。
- 油などのシミは、溶剤を用いて「溶かし出す」こともします。
- しょうゆなどのシミは、霧吹きを用いてタオルなどに「吸い取らせる」こともできます。
- セーターに動物の毛が付いたら、粘着テープで「取り外す」ことや、
- ホコリや動物の毛は、掃除機で「吸い取る」こともします。

ところが「洗う」と動詞を固定すると、文字通り「洗う」ことしか考えられなくなります。いいかえれば「洗う」以外の方法に、思考を広げられなくなります（図 4.8）。

図4.8　洗濯機ロボット「センタクキオ1号」

　言葉は重要です。旧約聖書に「はじめに言葉ありき」とありますが、人の思考は言葉で成り立っています。人は、言葉を用いて発想を無限に広げられます。しかし一方で、言葉によって思考は制約を受けます。
「洗う」と考えては「水で流す」と思考が制約され、「吹き飛ばす」「たたき出す」など別の動詞が表す作用（動作）に考えが及ばなくなります。
　ですからアイデアを広く考えるため、これらの多様な手段を包括する動詞を考えます。洗濯機の場合は「洗う」よりも「取り除く」あるいは「分離する」が適切でしょう。ですので、「服から汚れを取り除く」と定義します。

ii　製品への展開

　人は多くの「取り除く」手段を用いていますが、洗濯機として実用化されているのは「洗い流す」とドライクリーニングの「溶かし出す」のふたつだけです。何年か先の製品を開発するためには、「引きはがす」あるいは「取り外す」などの新しい手段の研究が有効かもしれません。うまくいけば、補助入力として不可欠な水や洗剤と、補助出力となる排水をなくせる可能性があります。それは環境にも貢献し、新たな市場を切り拓く可能性をもたらします。
　ところがこれらは、基礎技術の「研究開発」です。「製品開発」であるエンジ

4. デザイン案を考える

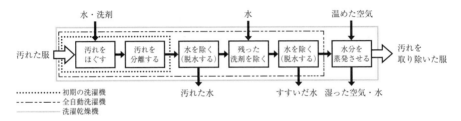

図 4.9 洗濯機の機能の境界

ニアリング・デザインとは別のプロセスです。エンジニアリング・デザインでは、期限までに完成できるゴールを設定しますので、研究開発を含めることはしません。現時点で家庭用洗濯機をデザインするのであれば、「洗い流す」が唯一の選択肢でしょう。

ただし、「洗い流す」としても、強い水流を使って「引きはがす」あるいは局所的な高速水流を用いて「吹き飛ばす」、パルス状の水流を作って「たたき出す」などの方法を併用できるかもしれません。新しい方法とまではいかなくても、新しい「洗い方」を付加することにより、クライアント価値を向上できるかもしれません。

iii 機能の境界

洗濯機の機能が「服から汚れを取り除く」であれば、出力は「汚れを取り除いた服」となります。このプロセスを図 4.9 に示します。まず、洗剤を溶かした水に汚れた服を浸けて汚れをほぐします。次に、水をかき回して服から汚れを分離します。それから汚れた水を除き（脱水）、さらに残った洗剤を取り除くために水を入れてすすぎます。そして残った水を除きます。洗濯乾燥機では、最後に温めた空気を吹き付けて服を乾かします。

図 4.9 には洗濯機の**機能の境界**を示しました。初期の洗濯機には、脱水機能はありませんでした。文字通りの洗濯機であり、ひとつの洗濯槽で洗うだけの装置でした。脱水は、衣類を挟んだ圧搾ローラーを人の手で回していました。やがて二槽式洗濯機が開発され、洗濯槽から脱水槽に洗濯物を人の手で移動させて脱水できるようになります。その後、洗濯と脱水ができるひとつの槽が開発されました。全自動洗濯機です。さらに洗濯機には乾燥機能が付加され、洗濯乾燥機とな

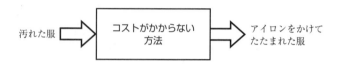

図 4.10　クライアント視点のブラックボックスモデル

ります。このように、時代とともに洗濯機（洗濯乾燥機）の機能の境界は広げられてきました。機能の境界は、その製品の果たす役割の範囲を表します。つまり、エンジニアがデザインしなければならない範囲です。新たな製品をデザインするためには、どこまでの機能を実装するのかを明確に定めます。

iv　クライアント視点からの機能

　デザインに組み込まなければならない機能と性能は、あくまでもクライアントから求められるものです。たとえば製品に「音の小さなモータ」を用いれば、静かさを求めるクライアントの価値となりますが、それを求めるクライアントがいなければたんなる過剰品質です。
　ですから機能は、クライアント視点から定義します。クライアント視点からの洗濯機は、おそらく図 4.10 となるでしょう。クライアントは、エンジニアがど

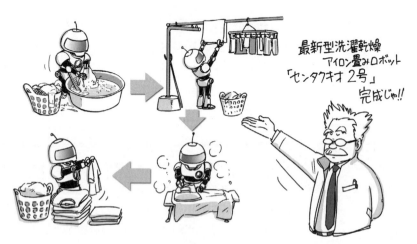

図 4.11　究極の全自動洗濯機ロボット「センタクキオ 2 号」

4. デザイン案を考える

図 4.12　ハンバーガーショップのブラックボックスモデル

のような実現手段を用いるかに興味はありません。汚れた服がきれいになってコストがかからなければ、なんでもよいのです。

エンジニアは機能を実装しますが、クライアント視点を忘れずに、現状の手段に囚われることなく意識を広げます。

加えて、洗濯機の機能の境界は、さらに広げることが求められています。ユーザが本当に望んでいる出力は、乾燥された服ではありません。アイロンをかけて、たたまれた服です。これを得るためには、さらにシワをなくしてたたむ機能を研究開発しなければなりません。

クライアント視点から考えれば、基礎技術の方向も見えてくるでしょう。未来の洗濯機は、機能の境界を広げられているに違いありません（図 4.11）。

V　おまけ：応用できるブラックボックスモデル

ブラックボックスモデルは、エンジニアリングだけでなく、いろいろなシステムを記述できます。たとえばハンバーガーショップは、パティ（ハンバーグ）とバンズ（パン）をメイン入力に、アルバイトとマニュアルを補助入力として、ハンバーガーをメイン出力、ゴミを補助出力とするブラックボックスモデルとして記述できます（図 4.12）。

製品だけでなく、サービスやビジネスなどもブラックボックスを用いた機能解析によって、システムの向上を図ることができます。

4.4　アイデアを発想する

i　発想を生み出す

　どのような製品であれ構造物であれ、デザインはアイデアから始まります。そして、私たちの周りにある製品は例外なく、発明されてから多くのアイデアを積み重ね、改良されてきたものです。石器のナイフは、やがて材料が青銅、鉄、さらにはチタンやセラミックになり、形を工夫され切れ味を向上させ、使いやすくされてきました。自動車のエンジンは、動作原理は同じでも、構造や工作や材質や制御に改良が積み重ねられ、燃料1ℓあたりの走行距離を延ばし、排気中の有害物質を減らしています。

　これらの改良や進歩は、形を変えたら保温がよくなるに違いない、材料を変更すれば軽くできるはずだ、制御によって効率を改善できるなど、すべてアイデアから始まりました。アイデアはデザインのスタートなのです。

ii　デザインを始めるとき

　「新しくデザインを始めるときには、メンバーみんなで飲みに行く」と、あるエンジニアは語りました。飲みに行き、自分の頭の中にある考えを片っ端から口に出し、相手の意見と組み合わせ、これから作ろうとするデザインに思いを巡らせます。考えているイメージを言葉に、あるいはスケッチに表すことによって頭から引き出し、違った側面から見つめ直すことは、アイデアを練り上げるためのディスカッションとなります。アルコールの助けを借りても借りなくても、対象について考え、意見を交わすことがアイデアを前進させます。各自の考えに、他の人の視点や考え方を取り入れて、アイデアを膨らませます。

　課題をよく知り、よく考えることが必要です。課題についての基礎知識がなければ、資料やネットの検索もうまくはできません。そして集めた情報から考えなければ、使えるアイデアは生まれません。徹底的に調べ、考えます。

iii　拡散的思考と収束的思考

4. デザイン案を考える

「何かを始めよう」「これから作ろう」とするときには、「可能なことは何か」「今までにない解決法はないか」と思考の地平線を広げて、アイデアを探し求めます。「できそうなこと」「可能性のありそうなこと」「関係ありそうなこと」を広く拾い集めます。

このように広くアイデアを求める段階では拡散的思考を働かせます。拡散的思考を働かせるためには、思いつくままに発想を得るブレインストーミングや、手順として発想をスキャンするチェックリスト法[3]などの技法も使われます。

技法を嫌う人もいますが、用いたとしても、アイデアのクオリティが下がることはありません。どちらにしても頭からひねり出す点は同じなのです。これらの技法は、より容易に、あるいはより系統的に、アイデアを表出させるためのサポート手段です。

アイデア出しの段階では、アイデアを出すことに集中します。この段階では、出されたアイデアが使いものになるかどうかを評価してはいけません。たとえば、ある人が「この方法があります」とアイデアを出したとき、「A社が同じことをやっているよ」「以前に試してみたけどうまく動かなかったよ」などと他の人が否定していては、そこから離れた案か、指摘された点を回避する策のみを考えるようになります。こうなってしまうと、アイデアのひとつひとつが分断され、組み合わすことも、発展させることもできなくなります。ひたすらアイデアを作ることに集中するのです。

アイデアが出尽くしたとき、それらが使いものになるかどうかを検討する段階へと進みます。このときは収束的思考を働かせます。ひとつひとつのアイデアをあらためて考え、似たもの同士を集める、相反するものを対比する、弱点を補うように、あるいは利点を高めるように組み合わせるなど、アイデアの改良を図ります。

クライアント要求を系統的に視覚化する「目標ツリー法」も収束的思考法のひとつです。この章ではKJ法を紹介します。また、拡散的思考と収束的思考を組み合わせた技法として、TRIZとVEを6章で説明します。

デザインでは拡散的思考と収束的思考を繰り返し、アイデアを作り、評価し、選んで製品へと作り込みます。アイデアの創出と選択が、デザインの鍵を握るのです。

iv ブレインストーミング

(1) ブレインストーミング（オリジナル）

① できるだけ多くのアイデアを作る

　ブレインストーミングは、1953年にアレックス・F・オズボーンによって発表されたアイデア発想法です。創造的思考の妨げとなる固定観念を取り除き、多くのアイデアを作ろうとする拡散的思考法です。作られるアイデアの多くは使いものにならないのですが、数があれば、中にはイノベーションのきっかけとなるものも出てくるでしょう。ブレインストーミングの目標は、デザインの種となるアイデアをできるだけ多く得ることです。

② 実施方法

　ブレインストーミングは、5〜8人ぐらいの小グループで実施します。人数が多すぎては発言の機会が回らず、議論に参加しにくくなります。そのようなときは、グループを分けます。

　議論には、当該分野の専門家や課題に詳しい人だけでなく、他分野の専門家や、その課題にいくらかでも知識のある人ならば専門家でない人も集めます。さまざまな分野の人、またデザインを作る人だけでなく、扱う人や使う人がいるほうが、多様な角度からの意見を期待できます。

　ブレインストーミングに限らずアイデア発想では、上司や部下、先輩や後輩などの地位を持ち込まないことが重要です。対等に発言できることが、せっかくのアイデアをしぼませないための必要条件です。ここでは、意見に対して一切の批判をしないことが重要です。

　ブレインストーミングでは、進行役となるリーダーを決めます。リーダーは集まりに先立って、課題を適切に記述します。もしも課題の記述が狭すぎるならば、ブレインストーミングを通じて得られるアイデアも狭い範囲となってしまいます。反対に広く漠然とした記述では、求めたい領域のアイデアを得られなくなります。「どのようにロボットの動きを人間に似せるか？」など、課題は疑問文とします。

　リーダーは、メモを貼り付けるための模造紙あるいはホワイトボードに、課題を大きく記して説明します。課題を意識していなければ、議論がそれてしまうかもしれません。課題は、常に確認できるように表示します。

ブレインストーミングの集まりは堅苦しいものになってはいけません。リラックスした雰囲気を保ち、自由気ままに進めます。形式的で格式ばった会となっては、アイデアも顔を出しません。参加者にとって楽しい集まりであるようにしましょう。

③ ルール
参加者にルールを確認します。ルールは以下の4点です。

1. ブレインストーミングでは、アイデアの数を重視します。できるだけ多くのアイデアを考え出すように努力します。アイデアが多くあればあるほど、効果的な、あるいは画期的な課題解決法が生まれる可能性も高まります。
2. 他の人のアイデアに対してネガティブな評価をしてはいけません。ふつうでないアイデアに対する「ばかげてる」「動くはずがない」というようなふつうの反応は、自発性や創造性を抑えつけます。アイデア発想の段階は、判断や結論を出すときではありません。アイデアの欠点を探すのではなく、独創的な点を讃えます。できるはずもないことを実現してきたのがエンジニアリングです。1970年代まで、個人がコンピュータを所有することは夢でした。「絶対にできっこない」と思っても口にせず、「できたら何に役立つか」「その次に何が実現できるか」を考えます。
3. 誰でもが思いつくような「ふつう」のアイデアよりも、夢のような、突拍子もないアイデアを賞賛します。ばかげたアイデアに思えても、遠慮なしに提案しましょう。「これはダメだろう」と自分自身にブレーキをかけることは、自身のアイデアを批判していることと同じです。不可能だと諦めては、何も生み出せません。1980年代まで、電話機は一家に1台でした。もちろん有線です。一人ひとりが移動しながらコードなしで電話できることは夢でした。ネットやメールのような手段は、想像さえされていませんでした。
4. 他の人のアイデアを組み合わせたり、追加したり、変化させたりと、発想の展開を心がけましょう。いろいろな意見を組み合わせることにより、さらなるアイデアが生まれます。

次に3分間、参加者に黙って考えてもらいます。いきなりディスカッションを

始めません。参加者は静かに、頭に浮かんだアイデアを貼ってはがせるメモ用紙（76 mm × 76 mmのサイズがよい）にメモします。アイデアは簡潔に、そして1枚のメモにひとつずつ記します。

　黙考時間が終わったら、リーダーは参加者の一人ひとりに、メモに記したアイデアをひとつずつ読み上げてもらいます。読み上げたメモは、全員が見えるように、模造紙あるいはホワイトボードに貼ります。それから参加者は、そのアイデアを改良／改悪し、発展させ、次への刺激剤とし、自分のものと組み合わせて、さらなるアイデアが生まれるように考えます。新たなアイデアを思いつけば、それらを新しいメモに書き記し、貼り付けます。

　そして、すべてのメモが読み上げられたら、自由にディスカッションします。そのときにも4つのルールを守り、否定をせず、新たなアイデアを考えます。

(2) ブレインストーミングの第2ラウンド

　一般的には、アイデアが出尽くしたらその時点でブレインストーミングを終えます。ここで、アイデアの評価へ進める前にもう一度、「出されたアイデア」から考える方法があります。このブレインストーミングの第2ラウンドは、KJ法の発案者である川喜田二郎先生によって紹介されました[4]。

　第2ラウンドでは、模造紙あるいはホワイトボードに貼り付けられたメモを、ひとつひとつリーダーが読み上げ、参加者に「このアイデアに疑問はありませんか」と確認します。参加者はわからないことや、なぜそうするのかの理由、メリット／デメリットなどを自由に質問します。

　質問には、そのアイデアをメモに記した人が答えます。そのとき、メモに記した人は本人が意識している／いないにかかわらず、質問者の理解を得るために、どこからそのアイデアを思いついたか、何を解決しようと考えたのか、なぜその方法なのか、どのように動作するのかなど、アイデアに至る道筋を含めて詳しく説明するでしょう。これによって他の参加者は、できあがったアイデアだけからではなく、発案者がアイデアにたどりついた思考の道筋からも着想を得るのです。そこから、さらに発展させたアイデアを思いつくかもしれません。

　あるいは発案者のアイデアを、他の参加者は違った形で捉えているかもしれません。口頭での指示では間違うことが多々あるため、作業では図面を用いて確認しますが、ブレインストーミングも同じです。メモと口頭の説明では誤解を招い

4. デザイン案を考える

図 4.13　アイデアより発展されたアイデア

ていることも少なくありません。

ところがこの誤解が、新たなアイデアとなることもあります。たとえば発案者は、製造装置に取り付けられたホルダをイメージして「ホルダにパーツをセットする」とアイデアをメモに記します。それに対して他の参加者は、製造装置とは別にあるホルダをイメージして「ホルダにパーツをセット」してから製造装置に取り付けると考えるかもしれません。

ときには誤解からも新しいアイデアが生まれます（図 4.13）。

（3）ブレインストーミングの拡散的思考と収束的思考

ブレインストーミングに第 2 ラウンドを入れることによって、参加者はアイデアをより正確に理解し、ときには新たな発想を得ることができます。そして第 2 ラウンドでは拡散的思考から収束的思考へと、頭の中が無意識に切り替わります。参加者はそれぞれのメモを、バックグランドも含めて、より深くより分析的に検討し、さらに、それぞれのアイデアの周辺にも意識を向けて考えます。これにより、多数のアイデアを生み出すかわりに、より深く考えたアイデアを得ることができます。

ただし最初のブレインストーミングに、この第2ラウンドの手法を入れながら進めてはよろしくありません。なぜなら収束的思考が拡散的思考を妨げるため、より多くのアイデアを生み出せなくなるからです。収束時には、どうしてもそれぞれのポイントに絞って深く考えますので、思考を広げるときとは頭の使い方が異なります。ですので、広範囲のアイデアを得るためには拡散的思考を保ち、第2ラウンドはオリジナルラウンドを終了してから始めます。発想されたそれぞれのアイデアを検討し、そこを基点としてより深く探求します。

(4) ケーススタディ：旅行用デスクトップライトのブレインストーミング

① 背景

M電子工業の開発課長E氏は、情報の収集と製品の売り込みのために世界各地を旅している。M電子工業は小さなメーカーであり、出張旅費も限られるため、彼は高級ホテルには宿泊できない。

ある夜、E課長は訪問予定のZ社の資料に目を通そうとするが、ホテルの照明は日本のビジネスホテルと比べて暗い。それに、デスクはあってもデスクトップライトはない。バスルームが明るければ便座に腰掛けて資料を見るのだが、このホテルはバスルームも明るくない。

「うーん……これではアルファベットの資料が読めない」

E課長は考えた。

「アタッシェケースに入れて持ち運びできるデスクトップライトが必要だ」

② ブレインストーミングのオリジナルラウンド

帰国したE課長は後輩エンジニアF氏、営業企画のUさん、製造課のS氏を集めてブレインストーミングを開きました。彼は、集まったメンバーに説明します。

「今回のブレストのタイトルは『旅行用デスクトップライト』だ。背景は、ここにプリントアウトしたとおりだ。必要な機能や性能、使い方、形状やその他、思いつくことを何でもいってくれ。いつもいうようにブレインストーミングは、

> できるだけ多くのアイデアを出すことを目的としている。先輩や後輩だからなんて遠慮するな。アイデアをたくさん出してくれ。どれだけ出すかが勝

4. デザイン案を考える

負だ。

それから、

　馬鹿げたアイデアでも出してくれ。不可能なアイデアだと思っても遠慮するな。10年前の人たちには、スマホだって考えられなかったアイデアだ。

それと注意事項だが、

　人の意見は、絶対に批判するな。欠点の探し合いになると、アイデアは出なくなる。最初から完璧なアイデアなんてあるはずがない。欠点を改良して製品をデザインするのがエンジニアだ。でも、アイデアがなければ何も始まらない。

だから、

　自分のアイデアや他人のアイデアを組み合わせて、発展させるように考えてくれ。意外なものを結びつけたり、組み合わせたりすることによって新しい製品が生まれる。思考を展開することが重要だ」

「では始めよう。まずは、それぞれアイデアをメモに書きためてくれ」
　E課長は貼ってはがせるメモ用紙を全員に配り、自分のアイデアもメモに記します。そして3分後、ディスカッションを始めます。
　E課長「では、F君からメモを読み上げてくれ」
　F氏「必要なエリアを照らせることですね。ペンライトを横に照らしながらでは、効率が悪すぎますよ」
　S氏「そうですね。A4が一度に照らせることは、最低限必要ですね。そうすると、30cmくらい上から照らせばよいでしょう」
　Uさん「30cmって、けっこう近いわよ」
　S氏「じゃあ40cm」
　Uさん「まあ、それくらいね。それより、いっそのこと天井からぶら下げたら」

F氏「そうだ、ドローンのように飛ばせばよい！」
　S氏「それはいい！……だけど、誰が設計するんです？」
　Uさん「飛ばしてもよいけど、静かでなくちゃね。夜に使うんでしょ？」
　E課長「そうだな。となりの部屋から文句をいわれてはかなわん。だけど批判するのは後回しだ。じゃあ、Uさん。次のメモを読んで」
　Uさん「持ち運びが簡単なコンパクトサイズ。だから軽くなきゃ。折りたたんでもよいわね」
　　　　：

③ ブレインストーミングの第2ラウンド
　30分後。E課長はブレインストーミングを第2ラウンドへと進めます。
　E課長「そろそろアイデアも出尽くしたようだな。では、みんなが書いてくれたメモをひとつずつ読むから、疑問があったらいってくれ……必要なエリアを照らせる……A4が一度に照らせる……」
　S氏「だいたいは縦長に置くけど、ときどき横長の表があったりするね。縦でも横でもA4サイズを照らせるのがよいね」
　E課長「40㎝くらい上から照らす……照射面に影ができない……照射面が一様の明るさに照らされる」
　Uさん「『影ができない』のと『一様の明るさ』って、同じことじゃないの？」
　F氏「『影ができない』は、キーボードを打つときこうやって資料を手前に置くと指の影ができますよね。その影が強いと見えなくなるじゃないですか。発光する側の面が広ければ、影も弱くなるのですよ」
　Uさん「だったら『発光面が大きいほうがよい』って書いてよ。じゃあ、『一様の明るさ』ってなんなの？」
　S氏「A4が照らせても、真ん中だけ明るくて、端っこが暗かったらいやですよね。そういうことです」
　Uさん「わかったわ。その端っこが暗くなるのを影だと思ってたわ」
　　　　：
　E課長「コンパクトなサイズ……それから、軽い……」
　F氏「コンパクトって、持ち運び時のことですよね」
　Uさん「使うときにはふつうの電気スタンドぐらいの大きさがあったほうがいいわね。でも『アタッシェケースに入れて』ってあったから、隙間に入ってもらわないと」

F氏「小型の折りたたみ傘ぐらいになればよいですね」
　Uさん「それじゃあ入らないわよ。ケータイとはいわないけど、ケースに入れたスマホぐらいにはなってほしいわ」
　F氏「スタンドも含めてその大きさに収納するのですか」
　Uさん「そうよ。トローリーバッグ（キャリーバッグ）のハンドルみたいなのがピョンと跳びだして伸びるのがいいわね」
　S氏「で、重さはどこまで許してもらえます？」
　Uさん「それもスマホ。といいたいところだけど、缶コーヒー1本分ね。もちろん短いほうの缶よ」
　S氏「220gですか……」
　　　　　　：
　……そしてブレインストーミングの第2ラウンドも終わりました。
　E課長「みんな、どうもありがとう。じゃあF君、アイデアをまとめてくれよ」
　F氏「任せといてください。KJ法で行きますよ」

V　KJ法[5]

(1) KJ法とは

　KJ法は、発案した川喜田二郎先生の頭文字から名付けられたアイデア集約法です。ただし、いきなりアイデアを集約しようとする方法ではありません。川喜田先生の言葉を借りれば、「集められたデータをして語らしめる」技法です。もともと社会調査のために編み出された方法であり、未知の対象から集められたデータから関連を見つけ出し、整理を助けます。ブレインストーミングで出された多くのアイデアの集約など、多様な状況に活用できる柔軟性の高い技法です。
　KJ法では、あらかじめ項目を決めておくのではなく、集められた情報をグループに集約して、そこから重要な項目を探し求めます。したがって、対象が未知であっても有効な評価方法を見つけ出せます。
　しかし反面、試行錯誤しながらデータの語るところを見つけようとする方法であるため、時間を要します。ですが、よい集約結果を得られるのであれば、多少の時間は問題ではないでしょう。KJ法は、枠にはめられた解を求める方法ではありません。アイデアの中に隠された解を探り出す技法です。

では、ブレインストーミングのケーススタディから続けましょう。

(2) KJ法のステップ

『旅行用デスクトップライト』のブレインストーミングからは、59のアイデアが作られました。これらのアイデアから、あるいはさらに疑問を調べ、必要な情報を集めて追加し、製品の企画案としてまとめることを目標とします。

KJ法は、① アイデアの把握、② グループ編成、③ グループの分析、④ ユニット化、⑤ 空間配置、⑥ 空間配置を使って評価、⑦ 文書化、の7ステップの順に進めます。

① アイデアを把握する

デスクトップライトのアイデアには、「折りたたんだときにはケースに入れたスマホの大きさ」とありました。この大きさからスタンドと発光面を展開しなければならないのですが、「必要なエリアに必要な明るさ」を届けられる発光面の大きさはどれだけか、必要な明るさは何ルクスか、40 cmの距離からその明るさで照らすためには何ルーメン(7)が必要か、などの技術的要件も検討しなければ企画案はまとめられません。

何が必要な情報かを明らかにするためには、疑問を持つことが必要です。疑問が浮かばなければ、深く調べることもありません。ただ「何が足りないか」と考えるだけでは、疑問を思いつくこともないでしょう。使う状況や持ち運び時などを想定し、展開したスタンドの形や、折りたたみの方法などを考え、その形状や方法を細部までイメージします。そうすることによって、足りない情報が浮かび上がります。

課題を見る角度を変えながらスケッチを描き、全体と細部を考慮します。そして考えながら、気にかかることを探ります。ブレインストーミングでは、アイデアを掘りだすため頭の中へと内部探検しますが、KJ法では気にかかったことを、資料やネットや知っていそうな人へと外部探検します。この段階では、情報を批判することなく探ることに専念します。利点も欠点も、まずはことごとく列挙して考えます。

② アイデアをグループに編成する

アイデアを把握したら、貼ってはがせるメモ用紙が活躍するステップへと入り

ます。アイデアの束となったメモ用紙を、テーブルあるいは模造紙の上に1枚1枚を見渡せるように広げます。このときは、ランダムに並べるのがよいでしょう。アイデアが出された順番を断ち切るためです。こうすることによって、新たな気づきがあるかもしれません。

そしてメモ用紙を眺めます。するとメモの中に「親近感」を感じさせるものが見えてきます。この近しいメモ同士を同じ場所に集めます。理屈を考えるのではなく、メモのいいたいことを素直に聞き入れて、「近い」と感じて集めるところがKJ法の要点です。

ですから、始めから「『外形に係わること』や『電源に係わること』を集めよう」などとは決めません。そのように決めると、メモが語るところを隠してしまうからです。1枚1枚のメモを別々に考えるのではなく、すべてのメモを読み、このメモの集団が何を語ろうとしているのかを感じとり、その中から近いと感じるメモ同士を、テーブルの上でも接近させます。

とらえどころがないように思われるかもしれませんが、難しく考えないで「似ている」と感じたら、メモを近くに集めましょう。このステップを続けているうちに、いろいろと感じ方も変わっていきます。そのときには、またメモの場所を変えればよいのです。試行錯誤を重ね、納得できるまでメモを動かします。

すると、『旅行用デスクトップライト』のアイデアからは、「光」に関するメモが集められました。

- ・照射面が一様の明るさに照らされる
- ・照射面に影ができない
- ・となりの人に迷惑をかけない灯りの強さ

- ・必要なエリアを照らせる
- ・A4（縦のときも横のときも）が十分に照らせる
- ・照射光を手元用、全体用に切り替えできる

- ・十分な明るさを得られる
- ・光量の調節ができる
- ・青白い光だけではなく、穏やかな光色も欲しい
- ・目に優しい発光色

「照らされる側のこと」「照らされる広さ」「光源のこと」などと決めてから集めても、同じような結果となるかもしれません。ですが、あえて「合理的」にはメモを集めません。「自然に」近しいと感じるものを探し集め、メモをして語らしめるのです。

　メモを集めるときにはどのグループにも属さない「一匹狼」が残ります。それはそのまま、1枚の単独グループとします。また、ふたつのグループのどちらにも関係しそうなメモもあるでしょう。これもどちらかのグループに無理やり入れることはしないで、単独のまま残します。

　具体的に何枚集めるとの指針はありませんが、4～5枚ぐらい集まれば、それ以上に大きく集める必要はありません。一匹狼でも、2枚のグループでも、引き合わなければ無理にグループを拡大してはいけません。

　このあたりの感覚的な操作があいまいに感じられるため、KJ法は敬遠されることもあるようですが、じっくりと課題に向き合い、実施する人のセンスで異なった結果が出るからこそ、デザインに有用だと考えます。難しく考え込まず、理屈で考えず、「これとこれを集める」と決めてかからず、「分類しよう」とはせず、あまり「深読み」せず、メモが語るところに耳を傾けましょう。

　グループ編成はひとりでも、グループでも実施できます。実施者が感じるままに、メモをして語らせるのです。

③　グループを分析する

　グループができたら、集まったメモを読み返します。そして自分自身にふたつの質問をします。

　第1の問いは、「ここに集まっているメモが『もっともだ』と感じられるかどうか」です。「違和感のあるメモはないか」と尋ねてもよいでしょう。近しく感じられるメモ同士をグループとすることが、最初のステップです。違和感のあるメモはグループから外します。

　グループが「もっともだ」と感じられるメモだけになったら、第2の問いです。それは、「その『もっとも』な理由をどうやって1行の『見出し』にまとめるか」です。

　見出しは、グループに属するそれぞれのメモが訴えたい「本質」を表すように記します。1行にまとまらないようであれば、グループが大きすぎるのです。1

行にまとまるようにグループを再編します。

　見出しができたら、それを記した「表札」を作ります。表札を見ただけで、そこにあるメモに何が記されているかを感じさせるような見出しが適切です。表札を見ても、グループのそれぞれのメモを読まなくては内容がわからないようであれば不適切です。何のためにメモがそこに集合したのか、その「隠された使命」を表すように見出しを付けます。

　『旅行用デスクトップライト』の「光」に関係するメモのグループには、それぞれ表札が付けられました。

- 明るさのクオリティ……グループ表札
    - 照射面が一様の明るさに照らされる
    - 照射面に影ができない
    - となりの人に迷惑をかけない灯りの強さ

- 光のエリア……グループ表札
    - 必要なエリアを照らせる
    - A4（縦のときも横のときも）が十分に照らせる
    - 照射光を手元用、全体用に切り替えできる

- 読みやすい明るさ／色……グループ表札
    - 十分な明るさを得られる
    - 光量の調節ができる
    - 青白い光だけではなく、穏やかな光色も欲しい
    - 目に優しい発光色

　表札は1枚のメモとして、それぞれのグループの上に貼り付けます。メモ用紙の色か文字の色を変えると、アイデアと表札を区別できて便利です。
　この表札付け作業を始めるには、すべてのメモがグループに分かれるのを待つ必要はありません。全体のメモの2/3くらいがグループに分かれた頃から始めてもよいでしょう。ある程度のグループにまとまっているときには、それらのグループの方向性を感じるようになっています。ですから表札を付けると、その方向性がはっきりと浮かび上がり、その表札に合ったメモが引きよせられることも

あります。逆に一向にうまくまとまらないときは、グループを分割する決心がつきます。このときには、他のグループも含めた再編を招くこともあります。

一匹狼には、表札を付けても付けなくてもどちらでも構いません。グループとして、他のグループと同じレベルだと思えば表札を付けます。

表4.1 『旅行用デスクトップライト』アイデアのグループとユニット（1）

ユニット	グループ	アイデア
使いやすさに係わること	光のクオリティ	
	明るさのクオリティ	・照射面が一様の明るさに照らされる ・照射面に影ができない ・となりの人に迷惑をかけない灯りの強さ
	光のエリア	・必要なエリアを照らせる ・A4（縦のときも横のときも）が十分に照らせる ・照射光を手元用、全体用に切り替えできる
	読みやすい明るさ／色	・十分な明るさを得られる ・光量を調節できる ・青白い光だけではなく、穏やかな光色も欲しい ・目に優しい発光色
	使いやすさ	
	光に係わる使い勝手	・必要な光量を自動で測り、適正な強さにしてくれる ・近眼でも老眼でも、心地よく使える
	デスクトップライトとしての使いやすさ	・静か ・使っていて機器が熱くならない ・虫除けや心を落ち着かせる効果がある ・アロマオイルを焚けるとよい
	電源に係わる使い勝手	・電池の替えはしたくない ・長いコンセントのケーブルもかさばるのでいや ・USB仕様もパソコンが必要になるので面倒 ・USB給電もできる ・100〜240Vの電源で充電できる
	その他の使い勝手	・知らず知らずのうちに寝てしまうこともあるのでタイマ付き
形状に係わること	使うとき	・（延ばして）デスクに立てられる ・発光面が大きいほうがよい（影ができにくい） ・40cmくらい上から照らす ・延びたり縮んだりする（照射面の高さ調整） ・使うときにはふつうの電気スタンドぐらいの大きさ
	持ち運ぶとき	・（折りたたんで）コンパクトなサイズ ・折りたたんだときにはケースに入れたスマホの大きさ ・ピョンと跳びだして延びるスタンド ・ACアダプタを使うが、アダプタも一緒に収納できる ・軽い（220g以下）

4. デザイン案を考える

④ グループからユニットを作る

すべてのメモを、表札を付けられたグループと一匹狼に分けたら、それぞれのグループと一匹狼から、さらに上位のグループである「ユニット」を作ります。

ユニットは、それぞれのメモを見ながらではなく、グループの表札を見ながら作ります。表札としてグループの概念が集約されていますので、この概念同士の「近さ」を考えます。

「光」に関係する3つのグループはユニットにまとめられて、表札「光のクオリティ」が付けられました。

表4.1 『旅行用デスクトップライト』アイデアのグループとユニット（2）

ユニット	グループ	アイデア
信頼性に係わること	丈夫さ	・コーヒーをこぼしても壊れない ・ぶつけても壊れない
	長期の使用	・長持ちする ・電球の替えが必要ない
デスクトップライト以外の使い方	収納時の使用法	・縮めたままでも光るようにする ・外から帰ってきた際にカバンの中の鍵を探すときに使いたい
	ベッドライトとしての使用	・ハンズフリーで使える ・（ベッドにも立てられて）寝転がっても読めるとよい ・クリップで机の端に取り付けられるとよい ・側方あるいは上方を照らせる ・照らす向きを調整できる
	緊急時の使用	・災害時に赤色ランプになる ・緊急時に懐中電灯になる ・ペンライト代わりになる ・時に強烈な光を放って防犯としても役立つ
	その他の使い方	・飛行機や列車の中でも使えるとなおよい ・お風呂で使用できるように防水タイプがいい ・キャンプでランタン代わりになるように吊り下げられる ・お部屋のインテリアとして、間接照明の代わりにもなる ・カメラのフラッシュ代わりになる ・出先だけではなく、普段使いもできるとよい
ユーザの購入に係わること	デザインに係わること	・使っているところを他人に見られても感心される（ギャグっぽいのもOK） ・機器の色がいろいろとあると嬉しい（メタリック、黒、ピンク）
	値段に係わること	・値段は2,000円以下
ユニット以外		・暗い室内の光量でチャージできる？（エネルギー的に不可能） ・天井からぶら下げる（今回はスタンドで目的を果たす） ・ドローン（飛行船）のように飛ばす（将来の検討課題）

- 「光のクオリティ」……ユニット表札
  ・明るさのクオリティ……グループ表札
  ・光のエリア……グループ表札
  ・読みやすい明るさ／色……グループ表札

さらに、ユニット相互に「関連がある」あるいは「意味的に近い」と引き合うものがあれば、それらをまとめて上位ユニットを作ります。「光のクオリティ」ユニットは、使いやすさ」ユニットとまとめられ、上位ユニット「使いやすさに係わること」ができました。

- ●「使いやすさに係わること」……上位ユニット表札
  - 「光のクオリティ」……ユニット表札
  - 「使いやすさ」……ユニット表札

複数のグループが集まったユニットには、何十枚ものメモが含まれたものもあれば、1枚のメモだけのものもあるかもしれません。このステップをどこまで繰り返すかは、ユニット数とユニット間の「感覚的近さ」によって決めますが、最終的なユニット数は10以下になるようにします。このユニット数に理論的必然性はありませんが、ユニット数が大きいと次の作業が難しくなります。また、どうしてもどのユニットにも属さないメモが残ることもありますが、これらのメモは「ユニット以外」として別に分けます。

表4.1に『旅行用デスクトップライト』のためのブレインストーミングで得たアイデアと構成したグループ、ユニットを示します。59のアイデアは、17のグループ（うち2グループはメモ1枚のみで構成）と3枚の一匹狼に分けられました。そしてグループはひとつの上位ユニットを含む5つのユニットに、一匹狼はすべてユニット以外と分けられました。

⑤ A型図解――「空間配置」を作る

ここでは、④ユニット化までのステップでまとめられたものを、どのように配置すればもっとも意味がわかりやすい構図にできるかを考えてます。これによってユニット相互の関係を明らかにします。

4. デザイン案を考える

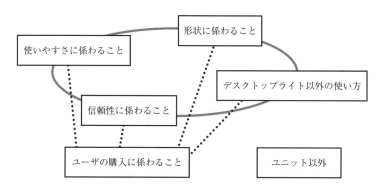

図 4.14 『旅行用デスクトップライト』アイデアの空間配置その 1

　空間配置は、それぞれのメモを見て作るのではなく、表札を見ながら作ります。個別のメモはさておき、それらの表札が表す概念相互の関係を図にします。図解化もグループ化と同じく、感覚的に、試行錯誤しながら進めます。そして配置ができたら、それぞれのユニットの関係を示すように境界線や接続線、矢印を記します。

　『旅行用デスクトップライト』の5つのユニットは、4つのユニットが同じレベルで集まり、それらの4ユニットが「ユーザの購入に係わること」と等距離にあるように感じられました。そこで図4.14に表す空間配置としました。

　空間配置ができあがったら、それぞれのユニットに含まれるグループも配置図上に展開します。そしてグループも含めた最適な位置関係を探ります。ここでは、「ユーザの購入に係わること」を最上位としたツリー形式に変更してみました（図4.15）。

　これらの空間配置は、ユニットの配置から「フィーリング」で作った図です。もちろん、作る人によって異なった空間配置ができます。同じ空間配置を作る必要はありません。人によって異なった空間配置ができるからこそ、デザインに適しているのです。同じマーケットにも、さまざまな製品があります。異なった空間配置からは、違った側面にスポットを当てた新製品をデザインできるでしょう。他社と同じ製品をデザインしていては、ビジネスは成り立ちません。

　重要なことは、唯一無二の結果を得ることではなく、作成者にとって「適切」と感じられる空間配置を見つけることです。その配置が、新たなデザインへの突破口を切り拓きます。

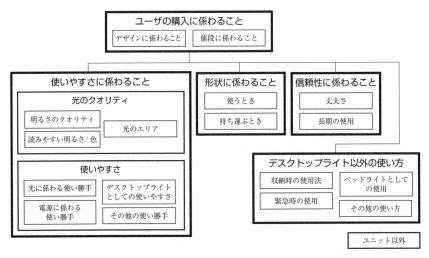

図 4.15 『旅行用デスクトップライト』アイデアの空間配置その 2

⑥ 空間配置を用いて評価する

図 4.15 からは、「使いやすさに係わること」ユニットに、多くのアイデアが集まっていることがわかります。ここには、「光のクオリティ」と「使いやすさ」ユニットがあります。この両方がクライアントに求められていると考えられます。

このように KJ 法では、この A 型図解ができるまで、アイデアを評価しません。①から⑤のステップにおいて、アイデア相互の関係は考えてきましたが、評価は一切加えていません。最初から個別のアイデアを評価することも可能です。しかし単独のアイデアに対するものと、全体としての位置づけや意味づけを明らかにした上での全体の中における個に対するものでは、評価は異なるでしょう。

『旅行用デスクトップライト』のアイデアは「デスクトップライト以外の使い方」ユニットの中に、4 グループ、17 アイデアが集まりました。この結果からは、デスクトップライト以外の使い方にもユーザのニーズがあると考えられます。ところが、もし個別にアイデアを「デスクトップじゃない」と排除していたら、この可能性は失われていたでしょう。

以上のように、KJ 法のステップは細部からのボトムアップで進めます。これは全体の把握を目的とした手順です。図解によって全体の状況をつかみ、目的に沿った評価をします。

⑦ B型文章化

　図解に続いて文章化を進めます。A型図解によって、情報の全体構造は明らかになりますが、これだけでは全体構造の中における要素（ユニット）と要素の間の結びつきが明確にはなりません。そこで文章で説明することによって、その結びつきを明らかにします。

　文章を書き進めるにしたがって「この部分はどうなっているのか」あるいは「もっと他にもあるのではないか」など、情報の不明点や不足部分を明らかにできます。言葉（文字）として説明しようとする行為は、全体の統合性を確認するためにも有効です。

　それならば、図解化を飛ばして最初から文章化すればよいと思われるかもしれません。しかしそれでは、「何から手を付ければよいのか」がわかりません。平面上にアイデアを展開することによって、アイデアの相互関係を明らかにし、思考を整理できることが図解化のメリットです。B型文章化ステップでは、整理された空間配置から、さらに論理構成を考えて体系化を進めます。

　さて、本来のKJ法からは外れますが、ここでは『旅行用デスクトップライトのユーザシナリオ』としてA型図解からの文章化を試みます。製品プランを作ることが今回のブレインストーミングの目的でしたから、これも目的に沿った文章化にちがいありません。

(3) 旅行用デスクトップライトのユーザシナリオ

① ペルソナ

　円寺近氏は48歳。業務用機器のアセンブリ製造を手がけるM電子工業の開発課長である。M電子工業は社員25人ほどの小さなメーカーであるが、製品をヨーロッパや東南アジア、インドのメーカーに納めている。円寺課長は年に数回、顧客との打ち合わせを兼ねて販路拡張のために海外メーカーを訪問する。スーツケースには身の回りの品と商品サンプルを、アタッシェケースには資料とノートパソコンを入れ、今日も列車とバスを乗り継いで次の目的地に向かっている。

② ユーザシナリオ

M電子工業の出張旅費は、食費も込みで1日わずか15,000円である。これでは飲みに行くこともままならない。円寺課長はバスを降り、路地を入ったところのホテルにチェックインした。ちょっと市街からは離れているが、値段は安い。フロントで鍵をもらい、階段を上り、部屋の前に来た。廊下の照明は遠く、鍵穴の辺りは暗い。

　円寺課長はアタッシェケースを開き、M電子工業の新製品であるβ型旅行用デスクトップライトのスタンドを20㎜ほど引き出した。このスタンドが《電源スイッチ》を兼ねている。スイッチが露出していては、移動中に電源が入ることがあるからだ。デスクトップライトはたたまれてスマホほどのサイズとなっているが、照光面は外側に向けられている。スタンドを引き出すとライトは光り、ドアを照らした。

　部屋にはベッド、テーブルとイスがあった。ふつうの部屋である。窓からは下の通りが見える。町はずれで何もなさそうだ。学生時代から旅慣れた円寺課長は、部屋に不満はない。

　ヨーロッパでは、部屋の天井に電灯はない。この部屋もフロアスタンドライトが、部屋の片隅、それから机とベッドのそばにひとつずつあるだけだ。彼はスタンドライトのスイッチを入れたが、想定したとおり、資料を読むには暗すぎる。だいたい、ホテルの部屋は、夜に仕事をするようにはデザインされていない。

　円寺課長はβ型ライトを取り出しスタンドを引き出した。スタンドは3段に伸び、40㎝の長さになった。次に彼は、β型ライト本体に収納されたACアダプタを取り出し、壁のコンセントに差し込む。彼の使う日本製ノートパソコンは軽くてよいのだが、ACアダプタがかさばって仕方ない。それに比べてβ型ライトはスマートなデザインだ。自分でデザインした製品だが、この瞬間、いつも誇りを感じる。引き出されたスタンドを調整して、テーブル全体を照らせるように机に置いた。これで資料が読める。

　彼は、明日訪問するZ社の資料を広げた。A4サイズの資料にはアルファベットが並んでいるが、読むには十分の明るさだ。資料には横サイズの地図も入っていた。資料を横に向けるが、ライトの照光範囲は十分である。

　資料を読んでいた円寺課長は、昨日訪問したメーカーより預かったサンプルを確認したいと考えた。サンプルは消しゴムほどの大きさの精密なパーツである。スタンドの灯りで、サンプルを仔細に確認する。β型ライトは照光

面が広いため、影ができにくい。ライトで照らしながらサンプルを画像に撮り、本社に送信した。

　資料を読み終えた円寺課長はベッドに寝転んだ。寝る前の読書が彼の趣味である。今日は中公新書の川喜田二郎著『発想法』を読む。往年の名著だ。いろいろと教えられることがある。テーブルの上のβ型ライトを枕元に持ってくる。夜の読書では、資料を読む純白の光よりも、電球色としたほうが目に優しい。彼はβ型ライトを《おやすみモード》に設定する。こうすると、発光色も柔らかくなる。

　β型ライトはスタンドをカメラの三脚のように広げられる。この脚によって、ベッドの上でも立てて使うことができる。照光面を120度傾け、肩越しに持っている本に光が当たるように調整し、彼は横向きに寝ながら本を読む。

　ところが旅の疲れのせいか、次のページをめくることなく彼は眠りに落ちた。《おやすみモード》では、β型ライトは10分間操作されなければ、徐々に暗くなるようにデザインされている。そのまま15分後には完全に消灯する。

(1) 3M、「ポスト・イット®ノート製品開発ストーリー」、http://www.mmm.co.jp/wakuwaku/story/story2-1.html
(2) 楠部工、「ドラえもんの歌」
(3) チェックリスト法：チェックリストに沿ってアイデアを考える方法。たとえばオズボーンは、転用、応用、変更、拡大、縮小、代用、置換、逆転、結合の9項目からなるリストを提案している。
(4) 川喜田二郎、『発想法』、中公新書、1967
(5) 川喜田二郎、前掲書および『続・発想法』、中公新書、1970
(6) ルクス：光で照らされる箇所の明るさの単位。
(7) ルーメン：光源の明るさの単位。

5. エンジニアリング・デザイン・プロセス

この章では、優れた製品をデザインするためのデザイン・プロセスを説明します。そこでまず、デザインを「設計情報」として考える方法を紹介します。アイデア発想も、もちろん重要です。しかし、それをクライアント価値となる製品にまとめるためには、プロセスに沿ってデザインすることが必要です。デザインを完成させるための考え方と意思決定の方法を議論します。

5.1 デザイン・プロセスとは何か

i 物質面から見た製造プロセス

エンジニアリング製品は、**デザイン・プロセス**（製品開発プロセス）と**製造プロセス**を経てできあがりますが、ここでは、後半の製造プロセスを先に議論します。例として建築現場を考えます。現場では、木材や鉄骨やコンクリートなどの原材料と、窓やドアなどの部材を**入力**として、設計図に合わせて組み立てること

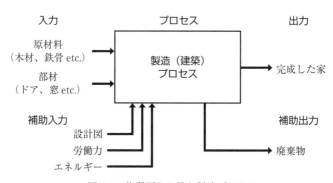

図5.1 物質面から見た製造プロセス

図5.2　製造プロセス

によって、**出力**である家を完成します（図5.1）。

　建築プロセスを実行するには、原材料と部材以外にも設計図、大工さんや左官さんの労働力、クレーンや電動工具を動かすエネルギーなどの**補助入力**が必要であり、切りくずや梱包材など廃棄物の**補助出力**が発生します。

　あるいは、工場においてコンベア上を流れるシャーシに次々とパーツを取り付ける組立ラインも製造プロセスです。自動車であればエンジン、ドライブトレイン、シート、ボディ、ドアなどのパーツやアセンブリが次々に取り付けられ、最後には完成車となってラインから離れます。この自動車の製造も、パーツやアセンブリが入力となり、完成したクルマが出力となるプロセスです。

　このように、現場でも工場でも、製造プロセスの中で製品ができあがります。ところが、どのような完成形になるかは、どちらも作り始める前に決まっているのです。製造が開始される以前に完成したデザインがあり、製造はそのデザインに基づいて進められます。製造は、無から製品を作り出すのではなく、設計された情報に基づいて製品を実体化するプロセスなのです（図5.2）。

ii　エンジニアリング・デザイン・プロセス

　製造プロセスには、製造するための情報が必要です。製造するための情報とは、完成したデザインです。設計図面やCADファイル、CAM(1)プログラム、仕様書、製造・検査手順書など、製品製造に係わる情報です。この製造に必要となるすべ

5. エンジニアリング・デザイン・プロセス

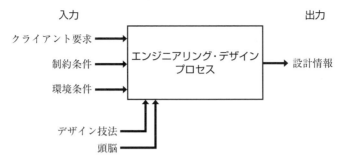

図 5.3　エンジニアリング・デザイン・プロセス

ての情報をまとめて**設計情報**とよびます。

　設計情報を作るプロセスが、エンジニアリング・デザインです。デザインのスタートから完成までの、すなわち、作るための情報を集め、どのような形に作るかを考え、何を盛り込むかを工夫し、プロトタイプを作って確かめ、設計情報として完成するまでの、プロセスです。

　このデザイン・プロセスへの入力は、原材料やパーツなどの物質ではなく「情報」です。クライアントが何を必要としているか、既存の製品に対する不満があるか、要求をかなえる技術はあるか、不良品を作らないためにはどうすればよいか、信頼性を高めるためには何が必要か、などの情報を入力とします。

　そしてこれらの入力情報から、クライアントの求めることを**クライアント要求**として定義し、製品として従わなければならない法令や、ユーザの安全を守るための**制約条件**および製品が使用される**環境条件**を明らかにし、デザインチームの頭脳とデザイン技法を駆使して設計情報を完成します。この設計情報、つまり「情報」がデザイン・プロセスの出力です（図 5.3）。

iii　情報面から見た製造プロセス

　藤本隆宏先生は「製品とは、設計情報を媒体に載せたもの[(2)]」といわれます。製品は製造プロセスにおいて作られますが、これは「媒体」である原材料やパーツを、**設計情報**に示される完成形へと組み立てる作業です。

　製造には、先立ってデザイン（設計情報）があります。つまりはジグソーパズルの「完成図」です。製造とは、ピースを組み合わせて完成形を組み立てるプロ

セスです。ですから、製造プロセスで新たな「情報」は作り出されません。デザインされた情報が、媒体に転写されるのです。

　製造を「情報の転写」と考えるのには違和感を感じられるでしょう。たしかに物質的にみれば、「製造は、原材料を完成品へと変換するプロセス」です。ところが製品を購入するクライアントは、製品をプラスチックや鉄などの「材料」の塊とは見ていません。プラスチックや鉄などの材料に転写された、「使うための機能」と見ています。つまりは、使うためにデザインされた設計情報を見て、製品を選ぶのです。

　情報の流れとして考えれば、「製造は、設計情報を媒体に転写するプロセス」となります。ですから、作り出される完成品は、媒体の上に設計情報が載ったものに他なりません。

　建築の現場で木材や鉄骨や窓やドアなど、原材料や部材を組み合わせて家を建てることは、できあがった設計情報を媒体、すなわち木材や鉄骨や窓やドアなどに、組み立てや取り付けによって写し込む作業です。

　自動車も同じです。シャーシは、原材料である鉄を溶かして設計情報で意図された機能と強度を得るための型に流し込んで鋳造し、その表面に設計情報で計画された寿命を果たすための塗装を施した媒体です。エンジンも、鉄やアルミを溶かして設計情報を転写し、設計情報どおりに加工されたクランクシャフトやピストンなどのパーツを、設計情報で定められた手順と方法で取り付けた、設計情報に定められたパワーを出力する媒体です。

　形を成していないオイルも、原材料となる原油や高分子材料を設計情報に定められた加工プロセスに通して分解、合成した媒体です。エンジンオイル、ブレーキオイル、パワーステアリングオイルなど、それぞれの要求に合わせてデザインされた設計情報を、化学反応によって原材料に転写して作られます。自動車メーカーは設計情報を載せた媒体（オイル）を購入して、エンジンやブレーキ、パワーステアリングなどの媒体に加えて、設計情報どおりのクルマを作ります。

　メーカーは、この設計情報が載った媒体を「販売」します。クライアントは製品を購入しますが、これは媒体に価値を見いだすのではなく、設計情報に価値を見いだすからです。したがって「販売は、設計情報を伝達するプロセス」となります。

　そしてユーザは製品を使用します。このとき使用されるのは、デザインされた設計情報です。乗り心地は、道路のデコボコによる振動を軽減するようにデザイ

5. エンジニアリング・デザイン・プロセス

図 5.4　設計情報の伝達

ンされたサスペンションの設計情報が決めます。車内の騒音も、ノイズを抑えるようにデザインされたエンジン、ロードノイズを減らすようデザインされたタイヤ、風切り音を出さないようデザインされたボディ、外来ノイズを遮断するようデザインされたキャビンの設計情報によって決まります。クルマに乗ったときの快適さも、壊れないで動く信頼性も、すべてデザインされた性能、つまりは設計情報によって決まります。クライアントは転写された設計情報に期待をよせ、クルマを購入します（図 5.4）。

　ところで、工学的には完成されたデザインを「設計解」とよぶこともあります。ここで、製品を製造するためのデザインを「設計解」とよぶか、「設計情報」とよぶか。どちらでも大差ないと思われるかもしれません。しかし設計解と表したのでは、「課題に対する解（答）」、「与えられた仕様に対する設計」といったイメージが強くなります。

　これに対し設計情報は、クライアント要求、制約条件、環境条件などの情報を集めて作られ、それをクライアントが使って評価し、そこからまた次のデザインへフィードバックされる情報の概念をより明確に表します。ですので、「エンジニアリング・デザインは、設計情報を作るプロセス」、「製造は、設計情報を媒体に転写するプロセス」と定義して、議論を進めます。

iv　あらゆる商品・サービスが、設計情報を媒介している

　クライアントは、自らの課題解決のために製品を購入します。購入される製

品は、製造に先立って「あらかじめデザインされたもの」、つまりは設計情報が載った媒体です。クライアントは製品を購入しますが、真に必要としているものは製品に載った設計情報です。クライアントは、知り得た設計情報に基づいて製品を検討し、購入を決めます。そして媒体に載った設計情報を使用し、使用した設計情報から製品を評価します。

じつは、エンジニアリング以外の商品も、あらかじめデザインされたものとなっています。たとえば、生命保険は病気や事故に対して必要になると予測されるお金とサービスをデザインした設計情報です。支払われるお金やサービスを媒体として、設計情報は契約者に伝えられます。また、宅配便も荷物を運ぶ方法と料金をデザインした設計情報です。トラックと運転手を媒体として、クライアントにサービス（運送）を伝達します。あるいは、レジャーランドやファミリーレストランの接客サービスも、マニュアルに記された設計情報を、店員を媒体としてお客に伝達しています。

このように、エンジニアリング製品も、それ以外の商品やサービスも、あらかじめデザインされた設計情報をクライアントに提供します。したがって、保険でカバーできない費用があっても、保険商品そのものの設計情報を修正して組み込まない限り、契約者には支払われません。また、スキー板やサーフボードを運べるのは、宅配便の設計情報に組み込まれたサービスだからです。あるいは、お店でアルバイトに「サービスが悪い」と文句をいっても、マニュアルがそうなっているのだったら何も変わりません。

ですから、エンジニアリングにおいてもそれ以外のビジネスにおいても、商品やサービスの品質向上には、問題点や改善すべき点をデザイン・プロセスへフィードバックし、設計情報そのものを改良することが必要なのです。

V　クライアントは設計情報に価値を見いだす

クライアントは対価を支払って、有形または無形のモノを購入します。繰り返しになりますが、クライアントはモノそのものに価値を見いだすのではなく、そのモノの持つ機能やサービスに価値を見いだします。クライアントはそれらのモノを購入する際に、支払うコストに見合う価値を手に入れられるかどうかを考えます。

たとえば、クルマは「職場に通う」「配達する」「レジャーに行く」「（リッチで

あることを）見せびらかす」などのクライアント課題を解決するために購入されます。クライアントは自らが抱いている課題の解決に設計情報が見合うものであるかを検討し、それに対して支払うコストが適切であるかを秤にかけて購入を決定します。

このように、クライアントは設計情報を元に判断します。このためメーカーは、設計情報をクライアントに向けて発信します。そのための手段が「宣伝」です。つまり「宣伝は、設計情報をクライアントに発信するプロセス」と定義できます。ただし、宣伝によって設計情報を魅力的に発信することはできますが、化粧だけでごまかすことはできません。製品に転写された設計情報が優れていることが重要です。

購入後、ユーザが使用するものも設計情報です。たとえば中華鍋、フライパン、たこ焼きプレートも、鉄かアルミの塊でしかありません。しかし、これらを「金属塊」と考えて購入するクライアントはいないでしょう。チャーハンを炒めるのか、ポークソテーを作るのか、たこ焼きを作るのか、いずれにしても「調理に使う道具」と考えます。そして使いやすさや片付けのしやすさは、形状や加工や表面処理などの設計情報によって決まっています。

vi ユーザは設計情報を使う

ユーザは設計情報を使います。使用して使いやすいと認めたら、それは製品のデザイン、すなわち設計情報が優れているのです。クルマの乗り心地も、フライパンの使いやすさも、すべてデザイン段階で決まっています。ですからクライアントの満足もまた、製造開始以前に決まるのです（図5.5）。

さらに製品の耐久性や信頼性も、（製造に問題がなければ）デザインで決まります。整備やお手入れによって、製造時点の性能や使いやすさを保つことはできます。しかし、それらを向上させることはできません。

設計情報に「弱点」があったとき、ユーザは改造でそれらを補うことはできます。タイヤや足回りの交換によってクルマの乗り心地を変えることは、製品の持つ設計情報を変更することになります。しかし、設計情報を転写された1個の媒体（製品）を改造したところで、次に製造される製品は元のままです。弱点の情報をデザイン・プロセスへとフィードバックし、設計情報を更新しなければ、製品は改良されません。

図 5.5 使いにくさも設計情報が決める

　エンジニアリング・デザインは、設計情報を向上させるための考え方や方法論です。よりよい設計情報を作るためにすべきことは何か。クライアントからの要求を設計情報へと適切にフィードバックするためには何が必要か。情報の流れの中でデザインを考えます。

5.2　なぜデザイン・プロセスが必要か

i　優れた設計情報を作るために

　多くのメーカーでは、**製品開発プロセス（デザイン・プロセス）**を定めて、それに沿って設計情報を開発します。これは、クライアント要求をデザインに取り入れ、製造上の改善事項をデザインに反映し、メンテナンス性を向上させ、製品の信頼性を高めてクライアント価値を向上させるためです。

　成功を期してデザインされているにもかかわらず、新製品は失敗に終わることもあります。おそらく、失敗にはそれぞれ理由があるでしょう。マーケットのニーズがなかった、ニーズはあったが製品の機能が不十分だった、機能に比べて価格が高いと思われたなど、あとから分析すれば失敗の原因も見えてきます。

　一方、成功した製品にも、多機能がユーザから評価された、使いやすさが好評

を得た、信頼性の高さが人気につながったなど、成功に導いたさまざまな要因があります。そして成功の要因には、それらを作り出せたきっかけがあったはずです。フォーカスグループ調査に基づいて機能を追加した、製品を使うユーザを観察することによって操作方法を改良した、製品のある箇所の故障が製品全体およびユーザにどのような影響を及ぼすかを探るFMEA（6.5で詳しく説明します）という技法を用いて信頼性を向上させた、などきっかけはさまざまであったでしょう。

　もちろん次にデザインする製品は、成功した製品と同じではありません。ユーザもマーケットも製品が使われる状況も異なります。仮に同じユーザであったとしても、製品に対する期待レベルは高まっています。けれども、成功要因を作り出したきっかけがあるなら、それを次のデザインに活用しない手はありません。

　そのためには、これらのきっかけをデザイン・プロセスに組み込みます。あるいは過去に失敗した原因が明らかになっていたのなら、それらを取り除く方法をプロセスに導入します。この改良されたプロセスに沿ってデザインを作れば、たとえ担当チームは違ったとしても、次に成功を収める確率は高まるでしょう。

ii　成功要因は何か

　プロジェクトの成功を探った研究からは、多くの共通要因が見つけられています。ここでは1例として、ロバート・クーパー氏の分析[3]を紹介します。クーパー氏は多くの研究報告を調べ、成功を収めたプロジェクトに共通する要因を探りました。20年前の報告ですが、これらの要因は現在も十分に通用すると考えます。

(1) 十分な先行評価

　プロジェクトの成功と利益のためには、アイデアの段階からデザインの段階へと移行するときに十分な先行評価を実施する。先行評価は以下の3種：

> **マーケット評価**：マーケットの有無、推定される規模、マーケットから期待される製品像を評価する。各種統計データ、マスコミや業界紙・サイトの情報、社内の意見や代表的ユーザの意見などを調査する。

> **技術評価**：技術的側面からデザイン案、あるいはデザイン案開発のための方

策、開発の困難さ、開発期間および技術的リスクを評価する。

ビジネス評価：予想される売上、売上を得るまでの期間、開発および製造に要するコストなど、財務面からも検討する。さらに他社の保有する知的財産や関連法令など、リスクアセスメントを実施する。

(2) 顧客の声（VOC）に基づくデザイン

顧客の声にしっかりと応えて開発することが、プロジェクトの成功につながる。事前の詳細なマーケット調査、顧客テスト、フィールドテスト、テスト販売を通じて評価を確認する。

(3) 製品の差別化／ハイクオリティ化

その製品にしかないユーザへの貢献、およびクライアント価値によって製品の差別化を図る。優れた製品を生み出すには、デザイン・プロセスが重要である。

(4) 明確かつ、ゆるぎのない製品定義

新製品の失敗とマーケット投入の遅れを防ぐため、ターゲットとするマーケット、製品コンセプト、クライアントへの貢献、そしてマーケットにおける製品のポジショニング、クライアント要求、製品の機能と仕様を、デザインにとりかかるより前に明確化する。

(5) 綿密に計画されたマーケット投入

マーケット投入に際して綿密に計画を立案し、人的、資金的にも十分に準備した製品が成功を得る。成功は結果論ではなく、事前の計画と準備が重要である。

(6) デザイン・プロセス途上の承認審査

デザイン・プロセスの途上においては、各ステップの出力をしっかりと精査し、次のステップへ進むための承認審査（デザイン・レビュー）を実施する。各ステップからの出力が不完全では、プロジェクトの成功は望めない。

(7) 強力なリーダーの率いる機能横断的チーム

強力なプロジェクトリーダーが率いる、それぞれに専門を持ったメンバーを集

めた機能横断的チームを組織する。チームはプロジェクトに専従し（多くの仕事を掛け持ちしない）、開始から完成まで責任を持って担当する。加えてプロジェクトには、トップマネージメントの下での支援が必要である。

(8) インターナショナル指向

国内だけでなく海外のマーケットを狙う製品では、デザイン・プロセスを国際的に通用するものとし、外国人メンバーを含めた機能横断的チームを編成する。国際マーケットから情報を集め、国境を越えたクライアント要求を定義し、それに応えるインターナショナル指向のデザインを作る。

以上の8項目はいずれも特別なものではありません。むしろ当然ともいえる原則です。しかし多くの開発プロジェクトでは、これらの原則は顧みられず、あるいは不完全にしか活用されていません。もちろん、成功に結びつける手法はこれだけではありません。けれども、これらの原則をデザイン・プロセスに組み込むことは、デザインの成功に貢献するでしょう。

iii 開発期間の短縮と進捗状況の明確化

納期はもっとも重要なクライアント要求です。依頼案件には必ず納期があり、社内の案件にも完成予定日は指定されます。納期のないプロジェクトは、バルセロナのサグラダ・ファミリアだけでしょう（2026年に完成予定と発表されているそうですが）。さらには、デザインを続けている間は、利益を上げることができないだけではなく、開発コストを消費し続けます。開発を始めたときには待ち望まれていた製品であっても、時間とともに時代遅れとなります。開発の規模にもよりますが、何年もの期間を要していてはクライアント要求もマーケットの状況も変わるでしょう。

過去の開発経験を元に開発スケジュールを設定します。スケジュールをガントチャート（プロジェクトの各段階を細かく展開して、横軸に日時を、縦軸にそれぞれの作業内容および作業間の関連を示す図表）などに示し、開発チームのメンバーおよび関係者が進捗状況を把握できるようにします。ここでデザイン・プロセスが定められ、デザインのステップが標準化されていれば、それぞれのステップ終了、つまりは次のステップへの移行承認によって、プロジェクトの進捗状況

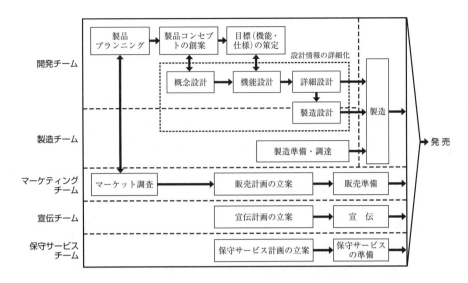

図5.6 コンカレント・プロセス

は明らかになります。

このように、開発期間の短縮と進捗状況の明確化のためにも、デザイン・プロセスが必要なのです。

iv コンカレント・プロセス

どんなに優れた製品であっても、必要とするクライアントにその情報を伝えなければ売上には結びつきません。効果的に情報を伝えるためにもマーケット投入準備は重要です。そのためメーカーでは、デザイン・プロセスを含む新製品開発プロセスを定め、開発と並行して製造の準備、認証の取得、販売チャネルおよび流通計画などのマーケット投入準備、宣伝の計画と実施、保守・サポート体制の準備を進めます（図5.6）。

製造チームは開発チームと協力して、詳細設計と並行して製造設計を進めます。また、設計が進むにつれて、製造に必要となる設備や資材が明らかになるので、それらの調達や準備を進めます。

マーケティングチームは、デザイン・プロセス開始前からマーケット調査を通じて情報収集に当たります。クライアント要求を明らかにするためにも情報収集

は重要です。そして開発と並行して販売計画を立案します。販売計画が定まらなければ、製造計画を決めることもできません。

宣伝チームは、販売の計画と並行して宣伝計画を立案します。製品のターゲットとなるクライアントに製品コンセプトを伝え、発売と同時に売上を得られるように準備します。

自動車や電気製品などでは、保守サービス体制を整えることも必要です。保守サービスチームでは、保守マニュアルや治具（専用工具）などを準備し、サービス担当者へのトレーニングを実施します。

このように新製品開発プロセスと並行する他のセクションの業務をスケジューリングします。これによって発売開始に合わせて業務を計画し、準備を進めることが可能となります。デザインができあがってからマーケット投入準備を始めるようでは、手遅れです（図5.7）。

5.3　デザイン・プロセスの構成

i　デザイン・プロセスの4ステップ

製品やシステムの規模や複雑さによっても変わりますが、デザイン・プロセスは、

図5.7　手遅れ

製品プランニング
　　　製品コンセプトの創案
　　　目標（仕様）の策定
　　　設計情報の詳細化

の4ステップに分けられます（図5.8）。

　製品プランニングは、デザインの可能性を探るステップです。ターゲットとするクライアントを想定し、クライアント価値となる「製品プラン」を構想します。立案した製品プランにマーケットからのニーズがあり、技術的にも開発可能であり、商業的にも利益が見込めるかを検討します。

　製品コンセプトの創案では、デザインのゴールとなる「製品コンセプト」を作ります。製品コンセプトは、定義されたクライアント要求と明らかにされた環境条件と制約条件すべてを満足させるデザインのゴールです。製品コンセプトの創案のためには、クライアント視点から記述された「要求」を、デザイン担当者の視点である「機能」に変換し、機能から「実現手段」を考案し、それらから全体構成をまとめます。

　目標（仕様）の策定では、製品コンセプトの詳細を定めて「設計仕様（書）」を作成します。仕様は、「機能を具体的な特性（数値）や属性で表したもの」です。製品コンセプトの詳細を、クライアント満足につながる特性や属性として定めます。

　そして最終段階は、いわゆる「設計」です。この**設計情報の詳細化**では、製品コンセプトを実体化します。それぞれの機能や性能を実現するためのモジュールやアセンブリを、仕様にあわせてデザインし、組み合わせて、「設計情報」を完成させます。

ii　デザイン・レビュー（DR）

　デザイン・プロセスの目的は、優れた設計情報を作ることにあります。そのためには各ステップ出力の品質を向上させること、すなわちデザインにおける**自工程完結**[(4)]が重要です。自工程完結とは、ある製造工程に割り当てられている作業をすべて確実に達成し、次の工程に不完全な仕掛かり品を送らないようにして、品質向上を実現するトヨタ生産方式の考え方のひとつです。たとえば、製造設計の

5. エンジニアリング・デザイン・プロセス

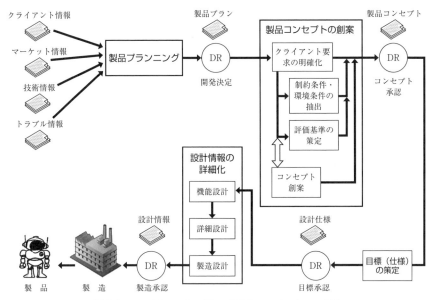

図 5.8　エンジニアリング・デザイン・プロセスの流れ

途中でプロトタイプの「強度不足」が明らかになれば、詳細設計に戻ってやり直すことになります。詳細設計の途上で「仕様に矛盾」（それぞれのモジュールの動作時間を合計すると全体の動作が間に合わないなど）が見つかれば、仕様から作り直さなければなりません。このように「見落とし」が残されていては、「手戻り」が生じます。手戻りが生じれば、それまでのデザインの一部は無駄となり、プロジェクトは遅れ、開発コストは増大します。

ですので、見落としを防ぐための手順をデザイン・プロセスに組み入れます。これが**デザイン・レビュー（DR）**です。

デザイン・レビューには、ふたつの種類があります。ひとつは開発中のデザインの品質向上、開発チーム支援、そしてベテランから若手への技術の伝承を目的とする**開発チーム支援DR**です。もうひとつは、各ステップの出力を確認し、次のステップへの進行を承認する**承認審査DR**です。

(1) 開発チーム支援DR

デザインの品質向上には開発チームのレベルアップが欠かせません。そこで、開発チーム支援と同時に技術の伝承を目的とするデザイン・レビューを実施しま

133

す。ベテラン・エンジニアが開発途上のデザインを確認しながら、注意すべき点はどこか、何をよりどころに判断するか、開発に際して参考となる例はないか、または気をつけなければならない失敗例はなかったかなど、開発チームにアドバイスします。デザインは意思決定のプロセスです。必要な情報が抜け落ちていないか、情報からの判断は的確かをベテランの目で確認し、開発チームを支援します。

　意思決定には、経験を要することも少なくありません。とくに過去の失敗経験は、直接の当事者でなくても同時代の体験者には脳裏に刻まれていますが、世代が代わると伝わらないものです。あるいは細かなノウハウも、体験がないとわかりません。ベテランからのアドバイスによって、開発チームを育てます。

　開発チーム支援DRは、それぞれのデザイン・ステップの中に公式あるいは非公式に組み込みます。たとえば、ステップのある時点で「新規に採用したパーツがあるとき、信頼性解析を行ってDRを実施する」などのルールを定めます。すべての開発チームが、ベテランと同じ品質の設計情報を完成することが、メーカーとしての品質保証です。どれか1チームでも失敗作を世の中に出したら、マーケットは全社で失敗していると見なします。開発チームが1チームしかないような小さな組織においても、設計情報の品質を向上させ、そして若いエンジニアを育てるため、開発チーム支援DRは必要です。

(2) 承認審査DR

　デザイン・ステップにおける見落としが次のステップに渡されれば、デザインのやり直し、すなわち手戻りとなります。これを防ぐため、ステップから次のステップへの進行には、承認審査DR（ゲート・レビュー）を設定します。承認審査としてのデザイン・レビューには設計開発だけでなく、製造、販売、保守など、製品に係わる各部門が参加し、それぞれの観点からステップの出力をチェックします。

　製造担当者は製造工程を考え、加工の難しいパーツや、組み立てに支障の生じそうな箇所をチェックします。販売担当者は販売チャネルや流通経路を考え、販売店の棚やWebモールでの商品アピールを考えます。保守サービス担当者は過去の経験およびデータより、壊れやすそうな弱点、修理しにくそうな箇所がないかを類推します。

　さらに受注案件では発注側からの参加者を加えて、クライアント視点からもレ

ビューします。

　設計情報に内包されそうな弱点を発見し、取り除くことが承認審査 DR の目的です。あらゆる角度から探り、見落としが残されていないことを審査し、次のステップへの進行を承認します。

5.4　製品プランニング

i　製品を理解する

「私の欲しいクルマはどこにも見つからなかった。だから私は自分で作ることにした」。これはポルシェの創業者フェリー・ポルシェが最初のスポーツカー「ポルシェ 356」を開発したときの言葉です。ポルシェ 356 は、未開のマーケットに対し、クルマをもっともよく知った開発者が、そこに必要とされる機能と性能を徹底的に突き詰めた製品でした。フェリー・ポルシェの「欲しいクルマ」は、多くの人にとっての「欲しいクルマ」でもありました。

　重要なのは、これから作ろうとする製品に対しての理解だけではなく、その製品を使うクライアントに対しての理解です。「絶対売れる」という期待だけでは失敗します。期待を可能性に変えるためには、製品をよく理解し、独りよがりでマニアックなオブジェとするのではなく、使う立場になって魅力を突き詰めます。

　理解を深めるために、製品とクライアントに関するあらゆる情報を集めます。自社や他社の既存製品などの現在の情報はもちろんのこと、これから利用できる材料や技術、マーケットの動向など製品の未来に関する情報、そしてトラブルや失敗などの改良すべき過去の情報を探ります。ターゲットと定めたクライアントが、既製品をどのような環境で何のためにどう使っているか、メンテナンスで不満を抱えていないか、用途を広げたいと希望していないかなど、求めていることを探るのです。エンジニア自身が製品を使用して不満を見つけることも有効です。不満は改良への糸口となります。SNS や評価サイトなどからの情報も参考になるかもしれません。製品に何が足りていないのかをつかめれば、デザインへの第一歩となります。

ii 意識を広げる

　製品プランニングは、可能性を探ることから始まります。クライアントが「プリンタが欲しい」といったとしても、プリンタの装置そのものが欲しいのではありません。宝石や貴金属やキャラクタグッズなどを除いては、そのものが求められていることはありません。クライアントは、何らかの目的を解決する手段として「写真や文書を紙の上に出力する」ことを考えているのです。クライアントは、なぜ写真や文書を紙の上に残したいのか。意識のレベルを上位／下位へと広げて探ります。

　まず、上位レベルです。「なぜ求められているのか？」「他に満足させるアイデアはないのか？」を考えます。ユーザは写真を遠くの両親に送りたいのかもしれません。このときには写真ではなく、ファイルそのものを送って表示するデバイスもよいかもしれません。

　あるいは、チームのメンバーに資料を配布したいのかもしれません。このときにはファイルをシェアしながらそれぞれに書き込み修正ができるシステムが、より適しているでしょう。このように、さまざまな「なぜ」を探るとともに、「他の」アイデアを考えます。おそらく他のアイデアには、元の製品にはない機能や属性があるでしょう。それらは製品の改良を図るとしても、応用できるかもしれません。

　次に下位レベルです。「どこに不満があるのか？」を考えます。写真を送りたいユーザは、使っているプリンタの画質に不満を持っているのかもしれませんし、紙やインクが高いことに文句をいっているのかもしれません。チームで使いたいユーザは、ミーティングルームや客先へと移動させて使いたいと望んでいるかもしれません。「不満」の解消は、直接的に製品の魅力になります。

　上位／下位へと意識のレベルを広げ、製品の可能性を考えます。

iii 複数の案を作る

　製品プランを作るときは、可能性を最大限に広く求めます。思考を広げ、従来にはない方法、革新的な方法など、複数のアイデアを作ります。このとき徹底的に可能性を探ります。新たなアイデアを組み込むことを恐れてはいけません。思いもつかなかったアイデアを採用した製品が他社から登場しているようでは、成

功は得られません。

ところが、「これだ！」と思いついたとしても、最初に思いついたという理由で選んでは失敗します。

経験の浅い人ほど、最初に思いついたアイデアに執着します。どんなに素晴らしい案に思えたとしても、それは他の案を知らないからに過ぎません。他のアイデアを無理にでもひねり出し、議論のたたき台とします。

複数のプランがあれば、それらを比較することによって、新たな発見を得られるでしょう。ひとつの案だけではわからなくても、差異を比べると見つけられることもあります。また、ひとつの案では冒険できず、考えも保守的になりがちです。複数の案を作ることによって、革新的なアイデアを盛り込むことにも積極的になれます。

似たような他社製品が存在していないか、存在するのであれば既存品との差別化をどう図るか、既存品から乗り換えさせる魅力をどう設定するかを考えます。同じものを作っても面白くありません。新たな機能を加えれば新たなユーザを獲得できるか、逆に機能を絞り込めば使いやすくできるか、などと製品プランを練ります。

可能であれば、製品プランを主要なクライアントに提示し、意見を尋ねます。ただし項目を並べて聞くだけでは「これも、あれも」となりがちです。新たな機能や性能がクライアントに本当に求められているのかを、どんな場所で、どう使われるのかなど、5W3Hを想定しながら検討します。

同時に製品プランは、デザインチームにとって魅力的であることを確認します。B2C製品であれば、ユーザとなって使いたいかどうかを考えます。自分が欲しい製品なら、デザインにも熱が入るでしょう。あるいはB2Bでは、サプライ先の同業者と楽しく仕事を分かちあえる製品を目標とします。クライアントが魅力を感じる製品なら、デザインする人も挑戦のしがいを感じます。

iv 案を選ぶ

たとえ開発できたとしても、製品が（少なくとも開発コストを回収できるだけの）人々から望まれていなければ、成功には至りません。どこにセールスポイントを設定すればクライアントから求められるか、ユーザはアップした性能を望むのか、などのマーケット情報によって、どのプランがマーケットにもっとも受け

入れられるかを検討します。

　特定ユーザから熱狂的に求められている性能や機能であっても、求めるユーザは少数かもしれません。ある電子機器メーカーのエンジニアは失敗を語ってくれました。
「大手顧客からの要望だったけれども、明らかに仕様が特殊すぎた。案の定、売れなかった」

　英語のことわざに "Hope for the best, but prepare for the worst（最善を望み、最悪のケースに備えよ）" とあります。不測事態への対処は困難ですが、想定さえできていれば対応策を準備できます。危険を防止し、人々の安全を守ることもデザインです。そのためには起こりうる事態を想定して備えることが必要です。製品が直面するリスクを想定するように、ビジネスにおけるリスクも検討します。失敗への備えが成功への道を拓きます。なぜなら失敗に備えることは、失敗に陥るリスクを洗い出し、それらへの対策を準備することになるからです。

　リスクを減らせれば、それだけ成功に近づきます。

V　予備的ゴール

　製品プランは、デザインのゴールである「製品コンセプト」の種となる「予備的ゴール」です。クライアント価値を生み出す、第1の重要なステップです。プランにないものは、完成した設計情報にも入りません。つまり、この段階で、最終的な製品の価値は制約されます。スタートで方向を誤れば、プロセスが進んでからの修正は困難です。

　ある機械メーカーのエンジニアは語りました。
「客先の潜在希望を先取りした製品ができたときには、説明の必要もなかった」
　顕在する要求だけでなく潜在する要求を解き明かすことが、クライアント価値につながります。以前からの課題であっても、これまでとは違うアイデアを導入できるなら、そこにはイノベーションのチャンスがあります。オリジナリティを主張できる、差別化を図った製品プランを作成します。

　製品プランができれば、次に必要なことは、企画書をまとめ、企画会議へのプレゼンテーションあるいは開発決定権者への根回しです。ここで承認が得られなければ、デザインはストップです。開発チームのメンバーが、作りたくてワクワクするような製品プランを作り、「開発決定」を勝ち取ります。

5.5 デザインの「ゴール」を指し示す製品コンセプト

i デザインのゴール

　製品コンセプトはデザインのゴールです。求められるすべての要求を達成し、さらにクライアント価値となる未来の製品のイメージです。開発チームはそのイメージに向けてデザインに取り組みます。

　製品コンセプトに不足があれば、完成した設計情報にも不足が残されます。製品の価値が設計情報で決まるように、設計情報の価値は製品コンセプトで制限されます。設計情報には、設計コンセプトに取り入れられたクライアント要求だけが組み込まれます。いいかえれば、リストに入っていない要求は、製品には反映されません。製品プランニングのステップでもクライアント要求を探りましたが、このステップでは、より詳細に、具体的に、実現手段を含めて製品コンセプトを考えます。

ii 明確な、揺るぎのない製品の定義

　製品コンセプトは、すべての要求を満足できる、実現手段（構成要素）を組み合わせた案です。「製品の定義」として製品の果たす役割と使われる範囲を定めます。エンジニア的にいえば「機能の境界」です。

　たとえば、ヘアドライヤーの機能は「髪を乾かす」です。一般的には「食品を温める」あるいは「冷凍食品を解凍する」などの用途は想定しません（もちろんこれらの新たな機能を実現できれば、新たな製品ができあがる可能性はあります）。ですからエンジニアは、「食品を温める」または「冷凍食品を解凍する」機能を想定しないでヘアドライヤーをデザインします。

　もしも「髪を乾かす」製品のデザイン途上に「食品も温められるようにしてくれ」と要求を加えられたとしたら、クライアント要求から調べ直さなければなりません。つまり、デザイン・プロセスを初めからやり直さなければ、優れた設計情報を作ることはできないのです。無理に追加したとしても、その追加に対するクライアント要求さえもわからないのでは、必ず失敗します。

デザインの始まりにおいて、製品コンセプトを明確に定義し、そのコンセプトに向かって進むことが重要です。

ときには製品コンセプトも、他社の新製品が発売される、新技術が発明される、どこかの国が原材料を輸出しなくなる、などの状況に応じた修正が必要になるかもしれません。しかし、「どうせ修正があるから」といい加減に決めたのでは、結果的にさらなる修正を増やし、デザインの完成を遅らせ、さらには開発に要するリソースを浪費することになります。

たとえば、リストに記載されていない環境条件が製品コンセプト作成後に明らかになるようでは、発売された製品にも不具合が残されている可能性大です。出荷後の不具合発覚は、広報し、回収し、修理するために、出荷前とは比較にならない多大な費用を必要とします。

ただし現実には、完全なる要求リストを作ることは、ほとんどの場合できないでしょう。ですからデザインの途上でも、要求リストを見直すことはあるでしょう。それでも、リストを作るための調査や分析は、製品コンセプトの充実につながります。開発チームはそのゴールを目指してデザインを進めるのですから、途上でゴールが揺れ動いては、統一的なデザインを完成させられなくなります。できる限り不明点を残さないように、ゴールをしっかりと定めます。

iii クライアントは過剰なコンセプトに価値を見いださない

製品コンセプトでは、クライアント要求を確認して過不足がないかを調べます。不足があれば、もちろん加えなければなりませんが、過剰と見なされる箇所も削ります。

「要求されないからといって機能や性能を省く必要はない」と思われるかもしれません。しかし、それらをコンセプトに含めば、デザインに余計な負担がかかります。ハードウエアはそれだけの空間を必要としますし、余計なスイッチやボタンは操作性を悪化させます。ソフトウエアも余分なメモリを占有して、処理速度を低下させるかもしれません。パソコンやスマホから不要なアプリを削除するだけで、動作が速くなることもあります。

エンジニアは「性能向上」に生き甲斐を感じます。そして営業担当者は「追加機能」を求めます。しかし、デザインする機能や性能は、クライアントに価値として認識されるかを確かめなくてはなりません。沖縄で販売する水道用品に凍結

防止機能を組み込んだところで、クライアントは喜んでくれません。

さらにクライアント要求リストに並べられた項目も、本当にクライアントが必要としているかを確認します。「〇〇はあったほうがよいか」と尋ねられれば、ふつうの人は「（値段が同じなら）イエス」と答えます。しかし「イエス」が返ってきても、製品の使用状況、使用環境を確認し、本当に必要であるかを検討します。

さらに、クライアント要求リストにない、あるいはクライアントにもわかっていない未来の要求を予測します。とかく人は、何かが実現されれば、その先もできるのではないかと考えます。現在のクライアント要求を満足する製品を完成したとき、次に何が求められるかを想定します。

iv 目的外を想定する

製品コンセプトを策定するときには、使われる状況や環境をリストにし、そこで発生し得るあらゆる事案への対応を用意します。不具合が起こってからの事後対応ではなく、不具合が起こる前にあらかじめ防止策を組み込む**未然防止**が重要です。

使われる状況や環境を考える際には、目的外使用も想定します。目的外使用時に性能を発揮する必要はありませんが、そのときにも故障や、ユーザおよび環境の安全を損なうことがないように考慮します。たとえばヘアドライヤーは、洗濯物の乾燥にも使用されるでしょう。このとき洗濯物がかぶさる状態もあり得るでしょう。安全を考慮することは、あり得る状況を想定することから始まります（図5.9）。

ここで、どこまで想定して対策を講じるべきかは、法律や安全に対する考え方、さらには国民感情も絡む難しい問題です。たとえば、走っている最中にタイヤがパンクしたらメーカーの責任でしょうか。買ったばかりなら新品に交換してもらえるでしょうが、10年も使っていたなら無理でしょう。では、1ヶ月なら、あるいは1年ならどうでしょうか。

製造から30年以上を経過した扇風機が発火した事例もありました。これはメーカーの責任でしょうか。では、そのメーカーがすでに存在しなければどうでしょう。買ってから1年もしないうちに発火したスマホやドライブレコーダの例もあります。これなら責任対象になるでしょうが、海外の製造元が消えているか

図5.9　想定外使用

もしれません。

　日本のマスコミは無制限にメーカーに責任をかぶせる傾向にありますが、それなら時間が経てば製品が動かなくなるようにデザインすべきでしょうか。

　あるいは、湯船の中にヘアドライヤーを落として感電事故となったらメーカーの責任でしょうか。洗面台で使っているときに事故が生じたのなら責任は問えるでしょう。では、どこまでがユーザの責任で、どこからがメーカーの責任でしょうか。この問題については、常に考える必要があります。

V　製品コンセプト例

(1) メイン要求とサブ要求

　例としてヘアドライヤーを考えましょう。ヘアドライヤーに対する第1の要求は「髪を乾かす」です。これを「メイン要求」とよびます。しかし製品に対する要求は、メイン要求だけではありません。メイン要求に付随する要求を「サブ要求」とよびます。

　製品には、規模に応じて数十から数百のサブ要求があります。たとえば「髪を乾かす」には、「ロングヘアの女性が3分で乾かせる」「腕力の弱い女性でも疲れないで20分使用できる」「使っているときにコードが絡まない」「冬の寒い部屋でも、夏の暑い部屋でも快適に使用できる」などがあります。製品コンセプトを

5. エンジニアリング・デザイン・プロセス

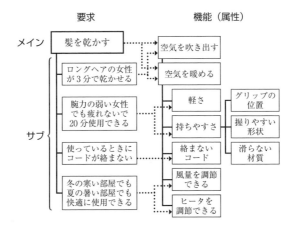

図 5.10 要求−機能

作るためには、ターゲットとなるユーザを絞り込み、使う状況を想定し、性能を仮定し、詳細に要求を記述します。民生品では、フォーカスグループ調査やユーザシナリオ作成などを通じて要求を精査します。

(2) 要求から機能へ

製品コンセプト創案のためには、クライアント視点から記された「要求」を、開発担当者の視点である「機能」に変換します。要求は「〜を実現してほしい」という願望ですが、機能は「〜をする」との要求解決のための方策です。クライアントの不満や意識を明らかにするにはクライアント視点からの記述が便利ですが、意思決定を重ねてデザインを進めるためには開発担当者の視点に変換することが効果的です。

たとえば、ヘアドライヤーのメイン要求「髪を乾かす」を実現するメイン機能は、「空気を吹き出す」と「空気を暖める」のふたつです。ここでメイン機能を「暖めた空気を吹き出す」とはしません。「暖める」と「吹き出す」は、それぞれ別の動詞ですから、別の機能と考えます。ヘアドライヤーには冷風（といっても冷やしてはいない）も求められます。

サブ要求にも、対応するサブ機能を考えます。「ロングヘアの女性が3分で乾かせる」を実現する機能は、メイン機能「空気を吹き出す」と「空気を暖める」そのものです。「腕力の弱い女性でも疲れないで20分使用できる」は、製品の属

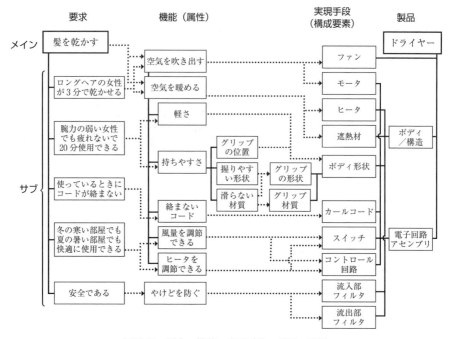

図 5.11　要求－機能－実現手段－製品の関係

性である「軽さ」と「持ちやすさ」によって実現できるでしょう。さらに「持ちやすさ」は、属性「グリップの位置」「握りやすい形状」「滑らない材質」に分解されます。「使っているときにコードが絡まない」は、属性もそのまま「絡まないコード」です。そして、「冬の寒い部屋でも、夏の暑い部屋でも快適に使用できる」とのサブ要求には、サブ機能「風量を調節できる」と「ヒータを調節できる」が必要となるでしょう。以上の要求と機能の関係を図 5.10 に示します。

(3) 機能から実現手段へ

「要求－機能」は、「実現手段」へと展開されます。機能はそれぞれがひとつの役割を担っています。ですから、原則的には機能それぞれに対する実現手段を考案します。このようにすれば、機能と実現手段は 1 対 1 で対応します。

もちろんこれには例外もあります。たとえば「空気を吹き出す」機能に対しては「空気を送る」ファンと「ファンを回転させる」モータのふたつの手段の組合せが用いられます。あるいは「空気を暖める」機能に対してはヒータが手段とな

図 5.12　不格好でも売れる新製品

りますが、ヒータを内蔵するためには遮熱材が付随的に必要となります。

このように要求を機能に展開し、展開した機能それぞれに対応する実現手段を選択し、それらを組み合わせて製品を構成します（図 5.11）。

ところで、図 5.10 では必要な機能が定義されていませんでした。ドライヤーには必ず空気流入部と流出部にフィルタが備えられているのですが、それらが実現している機能です。これは見えやすい箇所の例ですから欠落にもすぐに気づきますが、わかりにくい箇所で、他の部分のデザインが進んでからの発見では、手戻りにもつながりかねません。どうしても見落としは残ってしまうものですが、常に不足が残されていないかを探査しながらデザインを進め、見つけたときにはすぐに対応します。

図 5.11 には不足していたサブ要求「安全である」を加え、「やけどを防ぐ」との機能から、実現手段としての「流入部フィルタ」と「流出部フィルタ」をつけ加えました。

(4) 実現手段を組み合わせる

エンジニアは、それぞれの要求に対応する機能を考えます。そして、それらの機能の実現手段を作ります。製品コンセプトは、これらの実現手段の集合体です。

ただし、実現手段を積み上げただけでは、不格好なたんなる寄せ集めです。機能的な意匠の中に高度な機能が集約されているからこそ、優れた設計情報となります。かつて世界で一番売れたスポーツカーとよばれたフェアレディ Z は、徹

底的にこだわったカーデザインの中に、高性能メカを組み込むことによって生まれました。[5]マニアックでないふつうの人、すなわち大多数のクライアントは、実現手段よりも外観を重視します。もちろんマニアも、高性能な実現手段が、優れた外観に収められていることに価値を見いだします。

製品コンセプトでは、スマートな意匠の中に性能の実装を図ります。優れた意匠デザインを持つことが、優れた設計情報には必須です（図5.12）。

5.6 目標（仕様）の策定

i 開発担当者のゴール

デザインの「ゴール」となる製品コンセプトは、この段階ではまだ詳細を決められていない未完成情報です。目標（仕様）の策定ステップでは、クライアント要求から、開発担当者のゴールとなる特性と属性を定めます。

明確な目標がなければ、開発担当者はどうデザインすればよいかわかりません。その都度「このくらいでよいだろう」と推測しながらでは、作業に余計な時間を要しますし、推測が外れてクライアント要求を満たさないかもしれません。

仕様は、製品がクライアント要求を達成するための特性と属性のリストです。仕様が明確に定められていれば、開発担当者もそれを目標にデザインできます。

ii 仕様はできる限り数値化する

ヘアドライヤーの例では、メイン要求は「髪を乾かす」です。そのメイン要求には、付随するサブ要求「ロングヘアの女性が3分で乾かせる」がありました。これらの要求を、クライアント要求を満足させる特性と属性に転換します。「ロングヘアの女性が3分で乾かせる」を実現するためには、何℃の風を、どれだけの風量で送ればよいかを明らかにします。それらが明らかになれば、どれだけヒータに電流を流せばよいのか、どれだけ強力なファンとすればよいのかを決めることができます。

ですから仕様は、サブ要求を実現する性能（特性）を数値として定めます。「1分間に2.0m³の風量」と「25℃から100℃に加温できるヒータ」といった具合

5. エンジニアリング・デザイン・プロセス

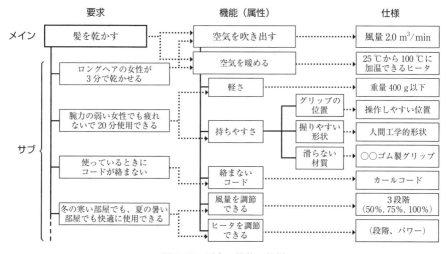

図 5.13　要求 – 機能 – 仕様

です（図 5.13）。

　ここで、仕様には許容される範囲を定めます。「1 分間に 2.0 ㎥の風量」では、厳密に 2.0 ㎥の風量が必要なのか、それ以上であればよいのか、1.6 ～ 2.4 ㎥のように望まれる範囲があるのか、明らかではありません。もちろんヘアドライヤーであれば、製品をわかっていますから、「それぐらい」との常識的な判断ができます。しかし、未知の製品では、開発担当者も判断できません。

　特性数値は、許される最大の範囲に定めます。デザインの途上では、他の装置に搭載するモジュールでは 1 mm も広げられないときも、ケースの縦を 1 mm 大きくできれば 1 サイズ大きな電池を入れられる、というような状況も起こります。不用意にデザインの自由度を制約してはいけません。あるいは、ギリギリの許容限界と望ましい範囲、たとえば「最大寸法 100 mm、可能なら 90 mm 以内」のように両者を定める方法もあります。

　また、「腕力の弱い女性でも疲れないで 20 分使用できる」というサブ要求は、製品の属性である「軽さ」として、たとえば「400 g 以下」と数値で定められます。一方、「持ちやすさ」は「グリップの位置」「握りやすい形状」「滑らない材質」などの属性にさらに分解はできますが、これらはいずれも数値では表しにくい「感覚」です。感覚などの主観的属性では、「当社従来製品と同等以上」など、できる限り客観的となる指標を設定します。

147

図 5.14　仕様が決まらないとデザインは進まない

　サブ要求「使っているときにコードが絡まない」は、属性もそのまま「絡まないコード」です。ここからは「カールコード」のように実現方法を直接指定する仕様となるかもしれません。

　最後に、サブ要求「冬の寒い部屋でも、夏の暑い部屋でも快適に使用できる」には、サブ機能「風量を調節できる」と「ヒータを調節できる」を対応させました。仕様では、風量設定とヒータ切り替えの段階数とレベルを定めます。たとえば風量切り替えは 2 段階とするのか、3 段階とするのか。3 段階であれば風量は 33 %、67 %、100 % とするのか、それとも 50 %、75 %、100 % とするのか、などです。もちろんこの段階にも、許容範囲を設定しなければなりません。33 ± 5 % なのか 33 ± 30 % なのかです。

　目標（仕様）は、ユーザの使用状況を調査し、あるいは実験によって評価し、ユーザに適切な数値として設定します（図 5.14）。ユーザに知覚される製品の機能と属性を高めなければ、クライアント価値は向上しません。

5.7　設計情報の詳細化

　エンジニアリング・デザインの最終ステップでは、製品コンセプトに向けてデザインを詳細化します。いわゆる「設計」の段階です。全体構成を決め、機能を実現するための要素を検討し（**機能設計**）、各要素について仕様を実現するよう

5. エンジニアリング・デザイン・プロセス

に詳細化を進め（**詳細設計**）、生産性を向上させ、不良品を作らないための製造しやすさをデザインします（**製造設計**）。

これらの設計ステップは、開発するシステムや製品の規模や複雑さに応じて、概念設計−機能設計−配置設計−構造設計−製造設計のようにさらに細分化されることもあります。それぞれのステップの出力時点でデザイン・レビューを実施し、その段階における中間設計を確認して次の段階へと進めます。

i 機能設計

機能設計では、製品に求められる機能を構成要素ごとに分解してデザインします。ここではボールペンを例に考えます。図 5.15 にボールペンの構成要素を示します。

ボールペンへのクライアント要求は、「（紙に）文字や絵を書く（描く）」です。「書く（描く）」は、ボールペンに求められるもっとも基本的な要求ですからメイン要求です。メイン要求と、それを実現するメイン機能は、

・（紙に）文字や絵を書く（描く）　　　インクを出す

となります。

また、ボールペンに対するサブ要求と、それぞれを実現するサブ機能あるいは属性は、

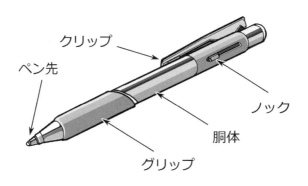

図 5.15　ボールペンの構成要素

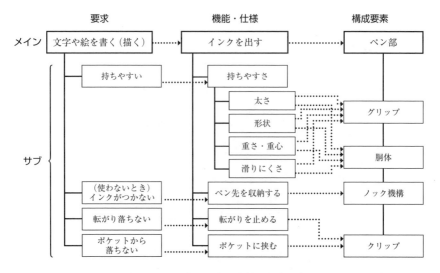

図 5.16　機能・要求 − 仕様 − 構成要素

・持ちやすい	持ちやすさ
・インクがつかない	ペン先を収納する
・転がり落ちない	転がりを止める
・ポケットから落ちない	ポケットに挟む

となります。

　ここでサブ要求「持ちやすい」に対応する属性「持ちやすさ」はさらに分解して、サブ属性「太さ」「形状」「重さ・重心」「滑りにくさ」とします。

　エンジニアは、機能の構造から、機能と仕様を実装する構成要素を決定します（図 5.16）。メイン機能「インクを出す」はペン先を含めたペン部が、属性「持ちやすさ」はグリップと胴体が、サブ機能「ペン先を収納する」はノック機構が、そして、「転がりを止める」と「ポケットに挟む」は、どちらもクリップが実現します。

　ここでは完成された製品から逆に説明していますが、デザイン時には、それぞれの機能から構成要素を考えます。たとえば「持ちやすさ」を実現するためには、持ちやすさに関係する要素を特定して、それらのパラメータを検討します。ここでは、胴体部の形状や直径、グリップの形状や材質などです。

図5.15では、ペン先収納タイプを示しましたが、サブ要求「インクがつかない」は、キャップを用いても実現できます。未来のボールペンは、このサブ要求を実現するために、「人の手で持っているときだけインクを出す」機能を実装しているかもしれません。

ii 詳細設計

メイン機能「インクを出す」には、「きれいな線を描く」とのサブ要求が付随しているでしょう。ここでのクライアント要求「きれいな線」は、たとえば「一定の濃さで一様な太さのラインを描く」機能に変換できるでしょう。数値化された仕様としては「幅 0.5 ± 0.01 mmで一定の濃さの線を描く」となるかもしれません。これに対する評価基準は「温度 $5 \sim 40$ ℃の条件下で、市販コピー用紙を用いて、人の手を模擬した角度 $75°$、0.1 Nの筆圧で、0.5 m/sの速さにてペンを動かしたときに、線幅 0.5 ± 0.01 mmとなり、ルーペで5倍に拡大しても線の濃淡が視認されない」と定められるかもしれません。

メイン機能を実現する構成要素は、ペン先ボール、ボール保持機構、インク送り部の構造、インク収納部の形状、そしてインクです。詳細設計では、仕様を実現するために最適なボールの直径や材質、保持機構の形状、インク送り部の隙間と形を調整し、インクの色や濃さや性質を決定するなど構成要素をデザインします。

iii 製造設計

詳細設計のステップにおいても、開発担当者は製造を考えてデザインします。仮に現在製造しているペンに使われているペン先ボールが何サイズかあったとします。これらはパーツとしての耐久性や信頼性も明らかでしょう。調達先も価格もわかります。そして製造装置もそのまま利用できるかもしれません。ですから、まずは経験のあるサイズから選びます。もしもそれでは仕様を満たすことができないとわかれば、新たなペン先ボールのサイズを検討します。

このように詳細設計ステップにおいても製造を考慮しますが、製造設計では製造における「作りやすさ」「間違いにくさ」「確実さ」をデザインします。ボールペンではありませんが、パーツをネジで固定する製品では、ネジを締めるために

組み立て途中のアセンブリの向きを変えたり、ひっくり返したりしていては、無駄な時間がかかります。類似した部品をそれぞれ区別して取り付ける組立工程では、合っているかの確認に神経を使わなくてはなりません。同じ部品としてあれば、確認の手間もなくなり、間違いもなくなります。性能を落とさずに製造を容易にできないか、組み立てが手早く確実になる構造にできないかなど、より製造に適応させるためのデザインを検討します。

製造プロセスにおいては**自工程完結**を目指します。たとえば、あんパンの生地に餡を包む工程で餡が途切れてしまい、餡が入っていない生地が焼き窯に送られてしまえば、餡が入っていないものを探し出さなくてはなりません（実際にはそのような手間をかけられませんので、疑わしいものはすべて廃棄となるでしょう）。このような不良アセンブリを次の工程に送るようでは、製造品質は高められません。出荷した製品に不具合があれば、クライアントだけでなく販売店や取引先にも迷惑をかけることになります。当然、メーカー自身にとっても損失となり、ブランドイメージも下がります。

ですから製造設計では、製造中に抜け落ちが生じないようにデザインします。たとえば、「付け忘れたらその次が取り付かないパーツ」「正しい向きにしか取り付けできないパーツ」「はめ込まれたことが簡単にわかるパーツ」など、より確実に製造できるようにデザインと工程を改良します。組み立て後の検査で不良品を発見するよりも、不良品そのものを作らない工程とすることが製造コストを下げ、製造時間を短縮し、製品不良を減らし、製品の品質を高めます。これはまた、ブランドイメージの向上にもつながります。

5.8　未来のクライアントを満足させる

i　設計情報の品質向上

製品の目標は、クライアント価値です。価値を創造するためにデザイン・プロセスを整備するといっても過言ではありません。

デザインの実体化を進める途上では、多くの要求項目を実現し、あるいは相反する項目に対処することが求められます。もちろんエンジニアは注意深く作業を進めます。しかし、すべての実現を個人の注意力だけに頼っていては、抜け落ち

のない設計情報を作ることは困難です。

　デザインはチームで進められます。ひとりの優れたエンジニアがすべてを取り仕切れるならば、秀逸な設計情報が生み出されるかもしれません。しかし、開発には膨大な時間を要するでしょう。それではマーケットに間に合いません。

　チーム開発を進めるためには、チームのメンバーそれぞれが「開発の進め方」を知っていなければなりません。チームには、ベテランもいれば新人もいます。ベテランが自分のやり方に固執し、新人がどうしてよいかわからなければ、効率的な開発はできません。それぞれがデザインのステップを知り、そのステップで解決すべき課題を、計画に沿って完了させなければデザインは完成しません。たとえば、試作モデルができたときにコントロールソフトウエアができていなければ、動作確認すらできません。

　またメーカーとしては、すべての商品において自社の品質水準を保つことが必要です。製品群の中にひとつでもレベルの低いものがあれば全体の評判を下げ、他の製品の売上にも影を落とします。ですから、開発チームによって品質水準が異なっては困ります。たとえば、故障による影響を解析するFMEAを、ある開発チームは実施し、他のチームは実施しなければ、チームによって設計情報の品質が異なってしまうでしょう。

　デザイン・プロセスを定め、すべての開発チームがデザインの要点を必ずチェックするようにします。これによって見落としを防ぎ、設計情報の品質向上を図ります。

ii　デザインの自由度とクライアント価値

　図5.17にデザイン・プロセスにおけるデザインの自由度とクライアント価値の変化を示します。スタートの時点では何を作るかさえも決められていないのですから、デザインの自由度は最大です。一方、何もできあがっていないのですからクライアント価値は0です。

　製品プランニングの時点では、製品やシステムのイメージを作りながら情報を収集します。まず、予備的ゴールとしての製品プランを作成します。製品プランは、完成させる設計情報の原案です。この原案を目標にデザインは進められます。ですから、製品プランができた時点で、クライアント価値の上限は75％くらい決まっています。

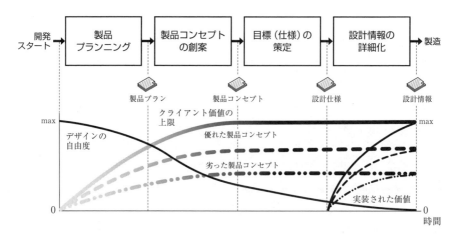

図 5.17　デザインの自由度とクライアント価値

　製品プランからは、デザインのゴールである製品コンセプトを作ります。この時点で、価値の上限も定まります。このときもまだ、デザインの自由度は残されていますが、これは上限に向けて設計情報を完成するための意思決定領域です。

　いわゆる設計段階である**設計情報の詳細化**では、製品コンセプトを実現する設計情報を作ります。したがって製品コンセプトでの上限が低ければ、あとでどれだけリソースをつぎ込んだところで、クライアント価値を高めることはできません。

　このように、クライアント価値を制約するのはデザイン・プロセスの前半です。優れた製品コンセプトを作ることが勝負です。

iii 未来の設計情報

　エンジニアリング・デザインは、クライアントの未来の価値を作るプロセスです。デザインとは、今は「ない」ものを、未来のある時点で「完成」させるプロセスです。製品が使われるのは、その未来の完成時点よりも先です。現時点の必要を満たすために、あるいは状況を改善することを狙ってデザインはスタートしますが、未来を想定していなければ、ゴールである設計情報ができあがったときには、新たな必要や要望が生じているかもしれません。

　ですから、未来の、完成した製品が使われている状態を想定します。

5. エンジニアリング・デザイン・プロセス

図 5.18　未来のユーザを満足させられるか

　未来のユーザ（Who）は、なぜ（Why）その製品を求め、何を解決（What）するために、どのような場所（Where）で、いつ（When）、どのように（How、How long、How often）使うのかを想定します。デザインの 5W3H です。

　現在のクライアントが求めていることの実現は、デザインの中間ゴールです。デザインができあがり、使われるときのクライアント価値こそがエンジニアリング・デザインのゴールです。製品を手にしたユーザは、その製品に対してさらなる要望を見いだすでしょう。その要望に先回りして応える製品こそが、未来のクライアント価値となります（図 5.18）。

　未来を作ることが、エンジニアの仕事です。

(1)　CAM：Computer Aided Manufacturing。CAD で作成されたデータから加工用データを作成するプログラム。

(2)　藤本 隆宏、『日本のもの造り哲学』、日本経済新聞出版社、2004

(3)　Robert G. Cooper, From Experience: The Invisible Success Factors in Product Innovation, *Journal of Product Innovation Management*, 16 (2), pp. 115-133, 1999

(4)　佐々木眞一、「トヨタのめざす品質保証活動——品質は工程でつくり込む（＝"自工程完結"）をめざして」、『クオリティマネジメント』、58、pp. 36-43、

2007
(5) 『ジュニア版 まんがプロジェクト X 挑戦者たち 11 運命の Z 計画――"フェアレディ Z"世界一売れたスポーツカー伝説』、宙出版、2003

6. アイデアより設計情報へ

　この章においては、デザインを完成するための方法論を考えます。アイデアを製品に適用するための発想・収束技法として TRIZ（発明的問題解決の理論）、VE（バリューエンジニアリング）と、クライアント要求から製品の機能や品質を解き明かす QFD（品質機能展開）を紹介します。また、製品の信頼性を高めるための技法として FMEA（故障モード・影響解析）、FTA（故障の木解析）を紹介します。いずれも知識としてではなく、使える技となるよう説明します。

6.1　機能の具現化

i　実現手段の考案

　デザインを始めるときには、求められていることを確実に実現するため、クライアント要求を定義します。このとき、定義したクライアント要求は多岐にわたります。そこで要求をリスト化し、あるいはツリー図に表し、メイン要求とサブ要求の階層構造を検討して抜け落ちがないかを探り、対応する機能の構造を考えます。この章では、それぞれの機能に対する実現手段について、アイデアから実装までを紹介しましょう。

　図 6.1 に示すように機能から実現手段を考えます。システム全体の機能は、メイン機能と複数のサブ機能より構成されています。まず、メイン機能とそれぞれのサブ機能を具現化するアイデア（メイン手段とサブ手段）を考えます。次に、これらの手段を組み合わせてシステム全体の実現手段を考えます。機能の構造を考えたときには全体と各部の適合を確認したように、機能ごとに最適な手段を選ぶのではなく、全体としての最適化を狙って組合せを選びます。システム全体でのパフォーマンス向上を考えるのです。

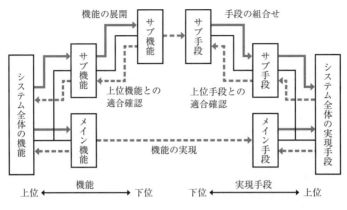

図 6.1　機能から実現手段へ

ii　創造的な実現手段の考案法

　図 6.2 に、クライアント要求から設計情報までの情報の流れを示します。現実の世界での「クライアント要求」に基づき、製品に「求められる機能」を記述します。同時に、機能を理想的に実現した状態である**理想システム**を考えます。

　設計情報は、この理想システムに近づけば近づくほどよくなります。ですので、ゴールとしての理想システムを先に考案します。

　このゴールを考えるとき、実現のためのアイデアも生まれます。「実現手段のアイデア」は、多数作ります。必要な機能を実現できるか、あるいは製品として実用的かを考え、制約条件と環境条件を満たせるかを比較検討します。そしてアイデアを選び、組み合わせて、実現手段から設計情報へと、デザインの詳細化を進めます。

　図 6.2 では情報の流れを矢印で示していますが、この矢印の順序に従って考える必要はありません。生成したアイデアが不十分であれば、機能に立ち返って考えればよいのです。あるいはクライアント要求を定義する最中に実現手段のアイデアを思いつくこともあるでしょう。そのときには、先にメモしておきます。

　「求められる機能」から「実現手段のアイデア」を得るプロセスは、抽象化された「思考の世界」です。ただし抽象化といっても、漠然とさせるのではありません。要求を機能に変換し、現実の世界の要求から上位の階層へと意識の階層を登

6. アイデアより設計情報へ

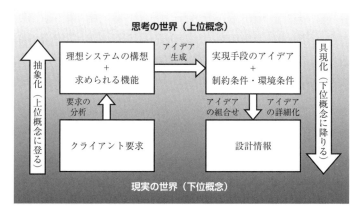

図 6.2 クライアント要求から設計情報までの情報の流れ

ります。そして得たアイデアから意識の階層を降りて「現実の世界」の設計情報を構成します。

6.2 TRIZ 発明的問題解決の理論[(1)(2)]

i TRIZ とは

多くの発想法は、頭の中にあるアイデアの種を拾い出そうとするものです。そこではアイデアを出すために「思考を広げて」「連想して」「組み合わせて」などと要請されますが、そのようなことをいわれても、なかなか湧いてこないのがアイデアです。また、そもそも「発想」に慣れていない人にとって、「思考を広げて」といわれても、どうすればよいのかもわかりません。

TRIZ は「ここ と ここ」と考えるべきポイントを系統的に提示し、解決策を見つけだそうとする「アイデア合成の手順書」です。それもたんなる手順書ではありません。発想のために思い込みを打破し、視野を広げる方法論を備え、さらに技術進化のトレンドを予測し、将来の製品やシステムを構想するための体系を提供します。

TRIZ とは、ロシア語の "теория（テオーリヤ）решения（リシェーニヤ）изобретательских（イゾブレターテルスキフ）задач（ザダーチ）"（発明的問題解決の理

論）の頭文字であり、「トリーズ」と発音します。旧ソ連で特許審査官をしていたゲンリッヒ・アルトシュラーは、発明のアイデアのエッセンスには、分野や対象を超えて同じような課題と解決の考え方（発明原理）があることに気づきました。それぞれの発明は多彩ですが、そこで使われる課題解決のエッセンスは類似しているのです。さらに彼は、ある分野で新たに解決された課題の大部分は、他の分野ですでに解決されていたことにも気づきました。いってしまえば「誰かがどこかで、自分の課題と同じような課題をすでに解決している」のです。そうであるのなら、そのエッセンスは目の前にある課題の解決にも応用できるかもしれません。

アルトシュラーは、課題を解決して新たな技術を作るための方法論としてTRIZを確立しました。この節ではTRIZのごく一部ですが、40の発明原理と、解決したいこととそれを妨げている矛盾から発明原理を導き出す「矛盾マトリクス」を紹介します。

ii 未来に立って現在を見る

新製品を考えるときには、「現在の製品」からスタートするかもしれません。たとえば洗濯機では、水と洗剤の使用量を減らし、汚れ落としの能力をアップし、洗濯時間を短くし、動作音を小さくし、製品寿命を長くし、製造に使われる資源を減らすなどの方向で改良に取り組むやり方です。

これに対してTRIZでは**究極の理想解**から考える方法も用います。究極の理想解とは、すべての「効用」を持ち、「コスト」や「害（環境への悪影響、有害な副作用）」を持たない究極の解決案です。たとえばエネルギーなしに、水も洗剤も使わず、排水も騒音も廃熱も待ち時間もなく、衣類を完璧にきれいにして、乾かして、シワもなくたたむ洗濯機です。夢の装置ですが、すべてのモノは夢に向かって改良されています。

TRIZでは理想性を、

理想性＝（認識された）効用／（コスト＋害）

と定義します。洗濯機なら、汚れた衣類がきれいになり、乾いてシワもない状態になることが「効用」です。「コスト」はライフサイクルコストと、設置や使用、

表 6.1　40 の発明原理（文献 1 より）

番号	発明原理	番号	発明原理
1	分割	21	高速実行
2	分離	22	禍を転じて福となす
3	局所的性質	23	フィードバック
4	非対称	24	仲介
5	併合	25	セルフサービス
6	汎用性	26	コピー
7	入れ子	27	高価な長寿命より安価な短寿命
8	釣り合い（カウンタウエイト）	28	メカニズムの代替／もう一つの知覚
9	先取り反作用	29	空気圧と水圧の利用
10	先取り作用	30	柔軟な殻と薄膜
11	事前保護	31	多孔質材料
12	等ポテンシャル	32	色の変化
13	逆発想	33	均質性
14	曲面	34	排除と再生
15	ダイナミクス	35	パラメータの変更
16	部分的な作用または過剰な作用	36	相変化
17	もう一つの次元	37	熱膨張
18	機械的振動	38	強い酸化剤
19	周期的作用	39	不活性雰囲気
20	有用作用の継続	40	複合材料

廃棄などに要する時間や労力のコストを合わせて考えます。そして「害」は、環境あるいは人体に対する害、たとえば排水、騒音、振動などです。

効用を高めるほど、あるいはコストと害を減らすほど、理想性は高まり、究極の理想解へと近づきます。そしてすべての製品は、この理想性を高める方向に改良されています。ですから、デザインとは、理想性をスタートとして、そこに近づけようとするアプローチでもあります。

iii 40 の発明原理

アルトシュラーと研究者たちは特許を調べ、技術の歴史においては改良・解決を困難にしている壁（矛盾）が存在し、それを乗り越えたときに新たな「発明」が生み出されることを見つけました。分野を超えてさまざまな発明がありますが、矛盾を乗り越えるときに使われたアイデアのエッセンスには共通性があり、それは 40 種類（とそれらの組合せ）に集約できることを明らかにしました。

それらのエッセンスは「40 の発明原理」としてまとめられました（表 6.1）。

これは、発明者たちが TRIZ を用いて考えていたということではありません。発明を分析したところ、アイデアのエッセンスが 40 種類に分類されたという結

果です。

それぞれの発明原理には、解決案のヒントとしてサブ原理が用意されています。それらを発想の種として用います。では、使われる頻度の高い発明原理を身の回りにある製品やシステムで考えてみましょう。

発明原理1——分割
 A. システムを、分離した部分あるいは区分に分割する。
 （例）焦点距離の異なるレンズを交換できるカメラ。操作部を分離したテレビやエアコンのリモコン。
 B. 組み立てと分解が容易なようにシステムを作る。
 （例）ハードディスクやメモリを組み込めるパソコン。ルーズリーフ式バインダ。
 C. 分割の度合いを増加させる。
 （例）ハードディスクのトラックやセクタ。撮像素子の画素。

発明原理10——先取り作用
 A. 物体、プロセス、またはシステムに有用な作用を、それが必要になる前に（十分に／部分的に）導入する。
 （例）あらかじめ糊が塗布された封筒。滅菌されたガーゼ付き絆創膏。
 B. いろいろな物体またはシステムをあらかじめ配置しておき、もっとも便利な時と所で動作できるようにする。
 （例）工場の生産ライン。折れ目の入ったカッターナイフの刃。

発明原理13——逆発想（逆転、逆さまにする）
 A. その課題を解決するのに使用されてきた作用の反対を使用する（たとえば物体を冷やす代わりに熱する）。
 （例）人が階段を上るのではなく、階段が動くエスカレータ。
 B. 可動物体を固定／固定物体を可動にする。
 （例）工具の代わりに材料を回転させる旋盤。物体を動かすのではなく空気を流して実験する風洞。
 C. 物体、システムあるいはプロセスを「逆さまに」する。
 （例）ビンを逆さまにして洗浄する（洗浄水は重力で排出される）。

発明原理15——ダイナミクス
　A. システムや物体を、さまざまに異なる条件下で最適動作できるように変化可能にする。
　（例）調整可能なクルマのシート。自転車の変速ギヤ。
　B. ひとつの物体あるいはシステムを分割して、相互に相対的に運動可能にする。
　（例）ノートパソコンのディスプレイとキーボード。折りたたみ式イス。
　C. 物体やシステムが固いまたは柔軟性がない場合、それを移動可能か適応可能にする。
　（例）曲がるストロー。伸ばせるストロー。
　D. 自由運動（程度）の量を増加させる。
　（例）フレキシブル継手。

発明原理25——セルフサービス
　A. 物体またはシステムが、それ自体で機能を実行する、あるいは自己組織化できる。
　（例）フィラメントを再生するハロゲンランプ。セルフクリーニング式オーブン。
　B. 廃棄する資源、エネルギーあるいは物質を利用する。
　（例）廃熱利用によるコジェネレーション。

このように製品には、各種の発明原理が使われています。自らの課題解決や新しいデザインのアイデアの種として使えるように、技術事例あるいは身の回りにあるモノがどうなっているのかを考えます。それらのモノが改良されていれば、そこにどの発明原理があてはまるかを考えてトレーニングします。

iv　矛盾マトリクス

発明では、何らかのパラメータの改良がなされています。そのパラメータの改良に成功したのは、それまで改良を妨げていたパラメータとの間の「矛盾」を取り除いた／回避した／無力化できたからと考えられます。さらに、改良したいパ

表6.2 改良に用いるパラメータ（部分）（文献2を元に作成）

		パラメータ	定義
性能	15	力／トルク	物体の位置に関する状態を変化させようとするすべての相互作用、力。直進力でも回転力／トルクでもよい。静的な力にも動的な力にも適用する。
	16	移動物体の使用エネルギー	移動物体が仕事に使用するエネルギーの実量。
	17	静止物体の使用エネルギー	静止物体が仕事に使用するエネルギーの実量。
	18	パワー	仕事が実行される速さ（時間あたりの仕事量）。時間あたりの使用エネルギー、時間あたりの出力エネルギー。
	19	圧力／応力	単位面積に働く力。応力は力が物体に及ぼす効果。応力には引張り力も圧縮力もあり、静的および動的なものもある。歪みも含む。
	20	強度	物体に力がかかったときに、その物体が変化に抵抗できる度合い。破壊に対する抵抗力。弾性限界、塑性限界、あるいは極限強さ（破壊強度）。

ラメータと妨げているパラメータの組合せごとに、矛盾をなくすために使われた発明原理の種類も限られることがわかりました。であるならば、過去に矛盾に対して使われた発明原理から考えることが、改良への近道となるかもしれません。

ダレル・マンによる2010年版マトリクスでは、50の改良／妨げパラメータが示されています。そのうちの「性能」に係わる一部を表6.2に示します。

これらのパラメータの組合せごとに、使用頻度の高い4つの発明原理を示した表が「矛盾マトリクス」です（表6.3）。矛盾マトリクスでは、左列のリストより改良したいパラメータを選択します。次に、そのときに悪化するパラメータを上の行より確認します。マトリクスの両者の交点に示される4つの数字が発明原理のトップ4です。まずは、この4つの原理から考えてみましょう。

表 6.3　矛盾マトリクス（部分）（文献 2 より）

改良したい パラメータ ＼ 防げるパラメータ	…	15 力／トルク	16 移動物体の使用エネルギー	17 静止物体の使用エネルギー	18 パワー	19 圧力／応力	20 強度	…
…								
15 力／トルク			19 17 35 10	1 35 10 19	19 35 37 17	21 18 9 40	35 14 9 3	
16 移動物体の使用エネルギー		21 2 19 35		15 28 13 2	19 34 37 18	14 25 15 17	19 35 5 9	
17 静止物体の使用エネルギー		9 37 35 38	2 19 3 13		2 5 19 13	17 9 4 19	35 40 14 3	
18 パワー		2 19 15 35	19 6 37 36	19 15 3 2		35 10 3 30	28 40 31 10	
19 圧力／応力		35 17 14 9	10 17 14 12	17 14 10 35	35 29 10 17		3 17 40 9	
20 強度		40 9 35 25	35 17 10 19	35 14 17 4	40 35 3 4	35 40 24 3		

V　課題から TRIZ の一般化階層へ、そして解決案へ

「締めつけトルクがよりよく伝わる」「応力の集中がなくボルトや工具の破損リスクを低減する」というメリットがあることから、ヘクサロビュラ（ヘックスローブ）ボルトの使用が増えています。ヘクサロビュラは図 6.3 に示す星型形状の頭または穴を持つボルトです。

六角ボルトでは、六角頭の角の部分に力が集中します。このため、整備などで締めたり緩めたりを繰り返すと、頭が丸くなり外せなくなることがあります。これに対してヘクサロビュラでは、工具の力が加わる角を半円形状として力を受け

図 6.3　六角ボルトとヘクサロビュラ（ヘックスローブ）

る面積を広げ、同時に、工具から伝わる力の方向を円の接線に近づけることによって締め付けに要するトルクを減らし、ボルトの破損を予防します。

従来の六角ボルトからヘクサロビュラへの改良を、TRIZを用いて後追いしてみましょう。

ボルトへの回転力の伝え方を改良しようと考えれば、改良に用いるパラメータ（表6.2）は「15 力／トルク」が該当するでしょう。このように取り組んでいる課題から、TRIZの一般化した課題へと抽象化して、改良するパラメータを選びます。そして、改良を妨げるパラメータを探します。現実にボルトが壊れているのですから「20 強度」を選びます。このとき、表6.3の矛盾マトリクスに示される、使われる頻度の高い発明原理は「35 パラメータの変更」「14 曲面」「9 先取り反作用」「3 局所的性質」です。では、上位から検討します。

発明原理35——パラメータの変更
 A. 物体の物理的な状態を変更する（たとえば、気体、液体、あるいは固体へ）。
 B. 濃度や均一性を変える。
 C. 柔軟性の程度を変える。
 D. 温度を変える。
 E. 圧力を変える。
 F. 他のパラメータを変える。

ここでA.物理的状態やB.濃度はボルトの材質変更に相当するでしょう。しかし、ここでは変えないことにします。C.柔軟性は関係ないでしょう。D.温度もE.圧力も使う箇所に依存します。さらにF.他のパラメータも思いつきません。発明原理35は該当しなさそうです。

発明原理14——曲面
 A. 直線の縁を曲面にし、平らな表面を曲面に変える。
 B. ローラ、ボール、螺旋、ドームを使用する。
 C. 直線運動と回転運動の間で切り替える。
 D. 遠心力を導入または使用する。

6. アイデアより設計情報へ

図6.4　ネジの頭の改良

A.ですが、ボルトの六角形の頭は直線で構成されています。「直線の縁を曲面に」はできますが、この先端部分が回転力を受ける箇所です。角の部分を曲面にしたのでは、頭がつぶれた状態と同じですから回せなくなってしまいます。

では、「平らな表面を曲面に変え」、先端以外の部分で回転力を伝えたらどうでしょうか（図6.4）。トルクの伝達が改善できそうです。

発明原理9——先取り反作用
  A. ひとつの作用が有害効果と有用効果を持つ場合、あらかじめ反対の作用を施し、有害な効果を減じるか除去する。
  B. 後に有害な作用が働くとわかっている場合に、物体に反対の応力をあらかじめ与えておく。

A.より、レンチを回す作用が「すり減らす」有害作用として働くのですから、「あらかじめ反対の作用」として、角の部分を厚くする手はありそうです。ボルトの角の部分を膨らませます（図6.4）。以上でヘクサロビュラへの改良ができましたので、発明原理3の「局所的性質」は検討しなくてよいでしょう。

矛盾がどこにあるかを考え、矛盾マトリクスに示される発明原理から、取り組んでいる課題への適用を考えることができます。矛盾マトリクスは、考えるための「種」を提供してくれる技法です。ただし、その種をどう実現手段として結実させるかは、エンジニアの頭の使いどころです。まずは、発明原理を用いて考えることから始めましょう。

6.3 VE バリューエンジニアリング

i VEとは

VE（Value Engineering）は、製品やサービスの**価値**（Value）を、それが果たすべき**機能**（Function）とそのためにかける**コスト**（Cost）との関係で把握し、システム化された手順によって価値の向上を図る手法です。（本書ではここまで、クライアントに求められる以上の満足を「クライアント価値」として議論してきましたが、本節では「価値」をVEの定義に従って、価値V＝機能F／コストC、として議論します。）

1947年、米国GE社調達部門のマネージャL.D.マイルズ氏は、難燃材料としてアスベストの調達を依頼されました。アスベストは、今日では肺がんの原因物質とわかり使用されなくなりましたが、1970年代までは耐熱性、耐火性に優れた素材として、消防士の耐熱服や自動車のブレーキパッドなど、広く使用されていました。当時のGE社の規則も「防火材としてアスベストを用いる」と、材料を指定していました。ところが彼は、求められているのは材料そのものではなく、材料の持つ機能であることに気づきました。そしてアスベストに代わる新素材を導入し、調達コスト低減に成功しました。その経験から彼は、機能に着目してより優れた製品をより安く作る方法を開発し、VA（Value Analysis）と命名しました。

VAはその後、国防省が導入する際にVE（Value Engineering）と名称変更されましたが、これは当時多数の"Analysis"があったため、さらに増えると困る、そして"Analysis"よりも"Engineering"的要素が強い手法だと考えられたためといわれています。VEはアメリカ政府、軍、企業へと広がり、1960年代に日本にも導入されました。現在では多くのメーカーで使われるとともに、調達や公共事業などに際しての実施を、政府や地方公共団体からも求められています。

ii VEの5原則[3]

VEは以下の原則に従って実施します。

(1) 使用者優先の原則
(2) 機能本位の原則
(3) 創造による変更の原則
(4) チーム・デザインの原則
(5) 価値向上の原則

では、それぞれについて見ていきましょう。

(1) 使用者優先の原則

　人がモノを使うときには、「使いやすい」とか「使いにくい」とか感じます。これは見方を変えれば、ユーザの要求が達成されたか、されていないかです。ユーザに文句をいわれるようでは、要求は満足されていません。デザインする人はユーザが何を求めているかを正しく認識し、その要求を十分に達成できるよう、ユーザの立場に立って考えなければなりません。

　VEではライフサイクルコストを考えます。生産に要するコストの大半がデザイン段階で決まってくるように、ユーザが支払うコストもデザインによって決まります。いくら運転に気をつけたとしても、クルマの燃費はデザインされた数値以上にはなりません。製品のライフサイクルの大半はユーザが使う期間です。ともするとメーカーでは、自社の製造や販売のコストだけを考えますが、ユーザのコストを考え、双方の利益となるWin-Winを狙います。

(2) 機能本位の原則

　ユーザの求めるものは、要求を達成する機能であって、モノそのものではありません。電子レンジを購入するユーザは、電子レンジを所有したいのではなく、「食べ物を温めたい」のです。美味しく調理できないのであれば、それはユーザの求める機能を果たしているとはいえません。エンジニアは、ユーザの求める機能が何かを明らかにして、その実現をめざします。

　また、機能を実現するときに、手段にこだわっては失敗します。美味しく調理できるのであれば、マイクロ波を発生するデバイスが半導体であろうと真空管であろうと、ユーザは一向に気にしません。機能を実現するための、よりよい手段を探せばいいのです。

(3) 創造による変更の原則

VEでは新しいものを採用する、あるいは既存のものを変更するなど、新たなデザインを考えることによって価値の向上を図ります。実際にデザインしようと考えるまでは、人はそのものの細部には注意を払いません。イスをデザインしようとして初めて、いま座っているイスの座面が何センチの高さか、座面の前後左右は何センチの幅か、背もたれの角度は何度かなど、詳細を意識するようになります。

このように、作ろうとして初めて、元のモノがどうなっているかを仔細に観察し、なぜそうなっているかを深く考えるようになります。この対象に対する観察と理解が、新たなデザインを生み出すきっかけとなります。

(4) チーム・デザインの原則

製品の価値を高めるためには、デザイン、生産技術、品質管理、運用保守など、あらゆる側面からの検討が必要となります。しかし、これらをすべてひとりの担当者が網羅することは不可能です。

ことわざに「三人寄れば文殊(もんじゅ)の知恵」とありますが、各人の優れた知識や技術を結集して、改良のためのアイデアを探索します。もちろん、小さな範囲の課題であれば、個人でVE的思考を用いることも役立ちます。

(5) 価値向上の原則

VEにおいては、機能(Function)とコスト(Cost)の比を価値(Value)と考えます。

$$V(価値) = F(機能) / C(コスト)$$

製品やサービスなどの研究対象を細分化して、それぞれの要素の機能を明らかにし、要素ごとの $V = F/C$ が適切であるかを検討します。なぜなら、たとえどんなに小さなパーツ、ネジの1本であっても、製品に使われている以上は何らかの機能を果たしているからです(果たしていなければ無駄なパーツです)。そして使われているからには、コストがかかっています。価値の不当に低い要素があれば、その改良に注力します。

機能はユーザの視点から評価します。求められない機能にコストを費やしても、

```
(1) 機能定義
    ① 情報収集         それは何か？
    ② 機能の定義       その働きは何か？
    ③ 機能の整理
(2) 機能評価
    ④ 機能別コスト分析  そのコストはいくらか？
    ⑤ 機能の評価       その価値はどうか？
    ⑥ 対象分野の選定
(3) 代替案作成
    ⑦ アイデア発想     他に同じ働きをするものはないか？
    ⑧ 機略評価         そのコストはいくらか？
    ⑨ 具体化
    ⑩ 詳細評価         それは必要な機能を確実に果たすか？
```

図 6.5　VE 実施ステップ

ユーザには喜ばれません。「ユーザに期待される機能」と、それを実現するためのコストを検討して、製品の価値を高めます。

価値を高めるためには、

(1) 機能を高める
(2) コストを下げる
(3) 機能を高めるとともにコストを下げる
(4) コストの上昇分以上に機能を高める

の4通りの方法があります。しかし、(2)のコストダウンのみでは、これからの国際競争力にはつながりません。(2)以外の「機能を高める」デザインをめざして製品の価値を高めます。

iii VE 実施手順[4]

VE の実施ステップを図 6.5 に示します。機能定義段階では「それは何か？」「その働きは何か？」との問いかけから、ユーザが製品に求める**基本機能**を明らかにします。次の機能評価段階では、「そのコストはいくらか？」「その価値はどうか？」を考えて改善対象箇所を選びます。そして最終の代替案作成段階では「他に同じ働きをするものはないか？」「そのコストはいくらか？」「それは必要な機能を確実に果たすか？」を検討し、価値の高い代替案を実現します。

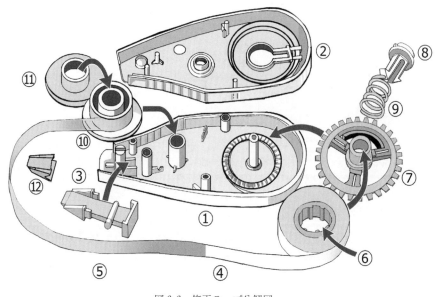

図6.6 修正テープ分解図

それでは、「修正テープ」を例として、各ステップを考えてみましょう。

(1) 機能定義

① 情報収集

　VEを実施する対象を決定します。VEでは製品を、要素に至るまで細分化して機能の達成を検討します。小さな製品では要素までを対象としますが、規模の大きな製品ではモジュールあるいはアセンブリなどのレベルまでを対象とすることも可能です。

　対象となる製品が決まったら、それに関する情報を収集します。どこで使われるのか、何のために使われるのか、どのような環境で使われるのか、どうしてその形になったのか、制約条件は何か、他社品との違いはないか……などの対象と使用状況に関しての情報を集めます。情報をしっかりと把握することが、製品の価値を高めるために重要です。

② 機能の定義

より優れた方法で、対象の果たすべき機能を達成させるためには、現状の働きを認識しなければなりません。このとき、現状の製品を注視しながら考えていては、その仕組みや構造に囚われてしまいます。ですから、機能に置き換えて発想を広げます。

 VEでは、機能をモノの立場から考えます。たとえばバスタオルの機能とは、ユーザにとっては「濡れた身体を拭く」ですが、バスタオルの立場では「水分を吸収する」となります。ユーザの求める修正テープの機能は「（紙にボールペンなどで書かれた）文字を見えなくする」ですが、修正テープの立場では「修正膜を貼る」となります。

 修正テープにはこの他にも「消したい文字を正確に消せる」「シワにならない」「貼った上からスムーズに文字を書ける」などの要求があります。これらもユーザの立場からの要求ですから、テープの立場へと変換して、「（狙った位置に）修正膜を貼れる」「修正膜を一様に貼れる」「段差を感じない厚み・インクを染みこませる」とします。

 VEでは、製品やパーツの「働き」を基本機能と**2次機能**に分けて考えます。基本機能は、取り去ると製品自体が成り立たなくなる最重要の機能です。基本機能の働きを補助あるいは増強する他の機能はすべて2次機能とします。

 修正テープでは「修正膜を貼る」が基本機能です。その他すべては、2次機能となります。

 製品全体の機能を定義したら、製品を構成要素（パーツ）に分解します（図6.6）。そして分解されたパーツそれぞれに名前を付け、その機能を考えます。すべてのパーツは何らかの機能を果たしています。そしてその機能は、製品全体の機能の一部を担っているはずです。

 たいていのパーツは複数の機能を持ちます。それらをひとつずつ記述します。たとえば修正膜と一緒に巻かれているベーステープには、「修正膜を保護する」「目的位置まで修正膜を送り出す」「送り出しリールを回す」などの機能があります。機能を記述したら、これらを基本機能と2次機能に分類します。

 ここで生じる要求には、ユーザが初めから持っているものではなく、製品の不完全さからくるものもあります。たとえば「テープが弛まない」は、製品のテープ送り機構の不完全さから生じる副次的な要求です。このような要求は、「テープを弛ませない」との修正テープの立場からの機能に変換して、その原因となっているパーツの2次機能に加えます。

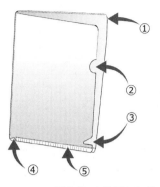

図 6.7　クリアホルダ

　細部に着目するのです。なぜ角を丸くしてあるのか、なぜ表面処理されているのかなど細部にも、すべてデザインした人の意図があるはずです。たとえば、クリアホルダは図 6.7 に示すように、①上の角が丸められており、②上から 1/4 ぐらいの所に丸いへこみが作られてあり、③下部にも三角様のへこみが作られ、④の端部を除いて⑤の辺が接合されています。これらにもそれぞれ理由があります。それらの理由を探ることが、品質向上と改善案創出のきっかけとなります。

　なお、当たり前の機能、たとえば「（ちぎれない）強さを持つ」などは定義不要です。また、メーカーにとっては必要であるけれどもユーザには必要でない不要機能も省きます。組み立て時の位置決めの穴や、輸送時の破損防止ネジなどです。これらは定義しても改良の対象とならないからです。

　製品全体とそれぞれのパーツの機能が定義されたら、機能定義シートを作成します（表 6.4）。このステップの最初で製品全体の機能を定義しましたが、それらはパーツの機能の集まりとして実現されているはずです。パーツの機能に含まれていなければ、その全体の機能は達成されていないことになります。そのときには、パーツ欄を空けたまま機能のみの欄を定義シートに加えます。あるいは特性や属性に対する条件は、機能に変換して記載します。たとえば、修正膜には「下のインクが透けない」ことが条件として求められますが、これは「95％以上の不透明度（下面を透過させない）」のように機能に変換します。

③ 機能の整理

　修正テープは、（紙と同じ白色の）修正膜を「貼って」、書かれた文字を「覆い

表 6.4 修正テープの機能定義シート例

| 対象品：修正テープ | | | 機能分類 | | 備考 |
No.	構成要素	機能（条件）	基本	2次	
	製品全体	修正膜を貼る （狙った位置に）修正膜を貼れる 修正膜を一様に貼れる 段差を感じない厚み インクを染みこませる ：	○	○ ○ ○ ○	
:	:	:	:	:	
3	先端部テープガイド	ベーステープと修正膜を分離する 指定した位置から修正膜を貼り付ける 指定した位置で修正膜を貼り終える （紙に）テープを押さえつける	○	○ ○ ○	
4	修正膜	95%以上の不透明度 紙に貼り付く （修正膜が）収縮しない 段差を感じない厚み・インクを染みこませる	○	○ ○ ○	
5	ベーステープ	修正膜を保護する 目的位置まで修正膜を送り出す 送り出しリールを回す	○	○ ○	
:	:	:	:	:	

隠し」ます。したがって、「貼る」は「覆い隠す」ための手段となります。そして、「覆い隠す」も「見えなくする」ための手段です（図6.8）。このように、目的と手段の関係を考えて機能を整理します。

目的－手段関係の上位からであれば、それだけ広く製品を考えられます。あるいは「貼る」ことに限定して、よりよく貼れる製品をターゲットにもできます。ここでは「文字を覆い隠す」を目的とします。

また、「覆い隠す」の目的語を「文字」としていますが、これを「線」とすることもできます。ただ、修正テープは書類などに書いた「文字」を消す使い方がほとんどでしょう。それならば、文字をターゲットとするべきです。何をター

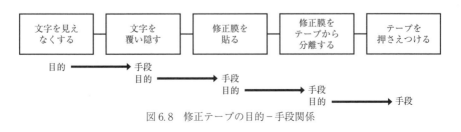

図 6.8 修正テープの目的－手段関係

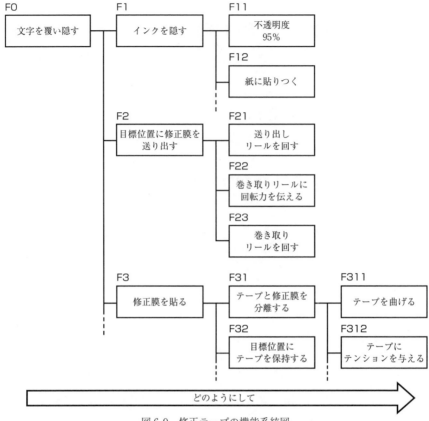

図 6.9　修正テープの機能系統図

ゲットとするかによって、求められる製品の姿も異なります。クライアントに求められる機能を改良します。

　定義したすべての機能を「目的 - 手段」の関係に表して、**機能系統図**を作成します（図 6.9）。系統図には、F0 を最上位として F1、F11、F111 のように機能のレベルを記します。これは後の整理をやりやすく、抜け落ちをなくすためで

図 6.10　こうは考えない

す。4.2のブラックボックスモデルで議論したように、機能には入力と出力があります。「入力は何？」「機能は何？」「出力は何？」と考えて、関連する機能をグループとして配置を決めます。

図6.9で、たとえば、目標位置に修正膜を送り出す（F2）ためには、修正テープを紙に押しつけながら動かすことによって引張られたテープが（F21）送り出しリールを回し、（F22）巻き取りリールにその回転力が伝えられ、（F23）巻き取りリールが回されて、テープを巻き取るというメカニズムが働いています。これは図6.10の直列接続になると思われるかもしれません。しかしそれでは「目的‐手段」の関係になりません。ここではF21からF23のすべてが働いて「修正膜を送り出す」目的が達成されます。ですので、図6.9のように同じレベルに項目を並べます。

機能系統図では、構成要素単位で定義した機能が適切であったかを確認しながら作業を進めます。定義した機能では、他の機能との係わりをうまく表せないこともあります。このようなときには機能を定義しなおします。

機能系統図によって、製品の基本機能を達成するために用いられている機能の相互関係を明らかにします。しかし、機能系統図には「これが唯一の解だ」という決まった形はありません。なぜなら作成するチームによって目的や手段の考え方も異なるからです。チームのメンバーが同意する機能系統図ができればよいのです。

(2) 機能評価

④ 機能別コスト分析

表6.5にコスト分析表例を示します。コスト分析表には、左列に構成要素を、上の行に機能分野または基本機能を並べます。機能分野は機能系統図に示されるある項目から右の項目をまとめたひとまとまりの機能を果たすグループ、基本機能は機能系統図のそれぞれ右端に位置する機能です。表6.5には図6.9のF1とF21以下の3列目の項目を機能分野として示しました。

コスト分析表の現行コスト欄には、各構成要素の製造あるいは調達に要する金額を記入します。

次に、それぞれの機能の達成に要するコストを求めます。多くの構成要素は複数の機能分野（基本機能）に関与していますから、現行コストをそれぞれに配分

表6.5 修正テープのコスト分析表例

No.	構成要素	現行コスト	機能分野（基本機能）					
			F1 インクを隠す	F21 送り出しリールを回す	F22 回転力を伝える	F23 巻き取りリールを回す	F31 修正膜を分離する	…
1	ケース(下)	15.6						…
2	ケース(上)	12.4						…
3	先端部テープガイド	16.8					8.4	…
4	修正膜	33.4	33.4					…
5	ベーステープ	15.1		5.1			5.0	…
6	送り出しリール	6.2		6.2				…
7	送り出しギヤ	8.5		2.9	2.8			…
8	ギヤ中心スペーサ	4.3		2.2				…
9	スプリング	7.5		3.8				…
10	巻き取りリール	6.5				3.3		…
11	リールカバー	6.5				3.3		…
12	キャップ	7.2						…
合計		140.0	33.4	20.2	2.8	6.6	13.4	…

します。配分には、

(1) 発生費用配分：その機能を達成するために費やされている組立製造コスト
(2) 貢献度配分：各機能にどれくらいの割合で貢献しているかの比率でコストを配分
(3) 均等配分：またがる機能分野に均等にコストを配分

の3方法がありますが、計算できるのであれば「(1) 発生費用配分」を用います。ただ、現実には求めることは難しいので、「(2) 貢献度配分」または「(3) 均等配分」が用いられます。表6.5では、均等配分としました。コスト配分が決定したら、それぞれの機能分野（基本機能）ごとの合計額を計算します。

⑤ 機能の評価

　機能分野別のコスト分析によって、製品の機能を達成するために要している現行コストを明らかにしました。このステップでは、それらの機能達成のためのコストを、ユーザは適切と考えているかを評価します。しかし、機能に対するユーザの評価を明らかにすることは簡単ではありません。正確な算定は困難ですので、おおまかに値を求めます。

表 6.6　機能評価表例

機能分野		機能評価額 F [円]	現行コスト C [円]	価値の程度 V=F/C	改善余地 S=C−F [円]	順位
F1	インクを隠す	39.9	33.4	1.2	−6.5	
F2	目標位置に修正膜を送り出す	20.1	29.6	0.7	9.5	1
F3	修正膜を貼る	21.2	23.9	0.9	2.7	2
⋮	⋮	⋮	⋮	⋮	⋮	⋮
	合計	133.0	140.0	1.0	7.0	

　ここでは、ユーザが感じる要求の重要度から計算します。まず、表 6.4 の「製品全体」のそれぞれの機能に、ユーザが重要と考える割合を配分します。たとえば、基本機能「修正膜を貼る」に 40 %、2 次機能「(狙った位置に) 修正膜を貼れる」に 20 %、「修正膜を一様に貼れる」に 15 %、その他の項目に残りの 25 %が配分されたとします。これらのパーセント値を、各機能分野に配分します。その結果、「修正膜を貼る」の 40 %のうち 30 %が「F1 インクを隠す」に、10 %が「F3 修正膜を貼る」に配分されたとします。続けて、各 2 次機能からも同様に配分します。基本機能と 2 次機能からの配分を合計して、合計のパーセンテージが求められます。

　表 6.5 に示したように現行コストは 140 円でした。そこから 5 %のコストダウンを図るとします。これにより機能評価額の合計が 133 円となるように、機能評価のパーセンテージを 1.33 倍してユーザによる機能評価額を求めます。表 6.6 に機能評価例を示します。たとえば「F1 インクを隠す」は、配分された合計パーセンテージ 30 %を 1.33 倍して 39.9 円となりました。

⑥ 対象分野の選定

　機能評価額と現行コストから、価値 V ＝機能評価額 F ／現行コスト C を計算します。この結果より、価値の低い機能が明らかになります。まずは、価値の低い機能から改良を検討します。ただし、必ず最低の価値となった分野から改良せよということではありません。実務においては、改善余地 S ＝現行コスト C −機能評価額 F、および改良の可能性を考慮して決定します。

　また、表 6.6 の F1 のように V ＞ 1 となることもありますが、そうなったら改善しなくてもよいということではありません。常に改善の可能性を考え、価値の向上をめざします。

(3) 代替案作成

⑦ アイデア発想

　改良すべき機能が決まったら、代替案を考えます。現在の製品が用いている方法からではなく、機能から解決方法を探索します。これまでのステップで、製品の詳細が明らかになっています。それらを元にアイデアを発想します。4章で議論したように拡散的思考を用いて、無理やりにでも多数のアイデアをひねり出します。多数を考えることができれば、それだけ優れたアイデアの存在確率も高まります。

⑧ 機略評価

　他のメンバーにも理解できるよう、アイデアをスケッチに描いて評価します。アイデアは機能を達成できそうか、具体化できそうか、製造可能かなどの観点からおおまかに実現可能性を評価します。材料費は安くなったとしても、加工のための段取り費が高くなったのではコストが増加します。総合的に価値向上の実現可能性を検討します。

　可能性が見いだされたら、具体化するアイデアを選びます。この時点ではひとつのアイデアに絞る必要はありません。できるだけ可能性のあるアイデアを多く残し、さらにアイデアの組合せを考えます。粘り強く、アイデアを育てることに取り組みます。

⑨ 具体化

　選ばれたアイデアより、実現可能な案として代替案をまとめます。代替案が要求される機能を達成できるかを確認し、使用状況および環境を、初期の状態だけでなく長期にわたって考え、問題や不具合が起きないかを想定します。

⑩ 詳細評価

　代替案を詳細化して、詳細評価を実施します。機能の達成を確認するだけでなく、環境条件、制約条件を満たしていることも確認します。
　そして代替案のコストを見積もります。代替案実施に必要となる試作費や金型(かながた)製作費などの一時的に支払うコスト（経常外コスト）も含め、実施後の年間生産コストの正味を求めます。年間節約額＝コスト節約単価×数量－経常外コストで

す。生産コストそのものは下げられたとしても、経常外コストを含めるとかえって高くつくこともあります。機能評価表を作成して、価値の向上がなされているかを確認し、価値向上を達成できる代替案を採用します。

iv 製品やサービスなど、機能で考えればすべてが VE の対象となる

VE では、機能から解決方法を考えます。ですから課題を機能として把握できるのであれば、製品開発や調達だけでなく、製造工程やサービスにも VE は活用できます。

たとえばスーパーのレジの待ち時間の短縮は、買い物客の満足度（価値）を高めます。レジ台数とアルバイト人数を増やせば時間を短縮できますが、それにはコストがかかります。ここで「お客の待ち時間を短縮する」を機能と考えれば、機能達成のために他の方法が見つかるかもしれません。

たとえばセルフレジです。専用のレジ装置は導入費用（経常外コスト）を要しますが、アルバイトの人件費を減らし、かつ機能の向上を達成できます。あるいは、買い物点数の少ない客用にエキスプレス・レーンを設置する方法もあります。レーンを使うお客には待ち時間の短縮として直接に機能を向上させ、それ以外のお客にも「品数が少ないときにはレーンを使おう」と心理的機能（期待）をもたらします。

VE は、「機能」に思考の原点を置いて、新たな発想を得ようとする技法です。コップを眺めていてもなかなか新しいことは思いつきませんが、「水を蓄える」と考えて機能に展開すれば、多くのアイデアを得られるでしょう。

6.4. QFD 品質機能展開

i QFD とは

品質機能展開（QFD：Quality Function Deployment）は、**顧客の声**（VOC）に基づきデザインに必要とされる機能や性能を明らかにすることを目的として、水野滋博士、赤尾洋二博士らを中心とした日本のメーカーで開発された技法です。

製品には開発担当だけでなく、製造担当、企画担当、宣伝担当、販売担当、保

守担当など、多くの人が係わります。そして、それぞれが担当に関係する情報を扱います。優れた設計情報を完成するためには、それぞれの担当からの情報が適切に反映される必要があります。QFDは、情報を整理・整頓してあいまいな情報を明確化し、いつでも確認できるよう共有し、そして抜け落ちなくデザインに反映するための技法です。

　QFDはクライアントからの要求を**要求品質**として整理・整頓し、**品質表（マトリクス、二元表）**を用いて要求を満たすエンジニアリング的性能である**品質特性**として解き明かし、**設計品質（ねらい品質）**として設計情報へと反映させます。

　JIS Q9025にはクオリティ・マネジメント・システム（QMS）として、「製品に対する品質目標を実現するために、さまざまな変換及び展開を用いる方法論」と定義されています。この変換には、品質展開、技術展開、コスト展開、信頼性展開、業務機能展開などがありますが、ここでは、エンジニアリング・デザインに広く用いられる品質展開を解説します。

ii　QFD実施手順[5][6][7]

　図6.11にQFDのプロセスを示します。QFDは、

(1) 原始データの収集
(2) 要求項目への変換
(3) 要求品質として整理
(4) 要求品質展開表の作成
(5) 品質要素の抽出
(6) 品質特性展開表の作成
(7) 品質表（マトリクス、二元表）の作成
(8) 要求品質重要度の決定
(9) 企画品質の決定
(10) 品質特性重要度の算定
(11) 設計品質（ねらい品質）の決定

　以上のステップによって進めます。それでは、掃除機を例に各ステップを説明します。

6. アイデアより設計情報へ

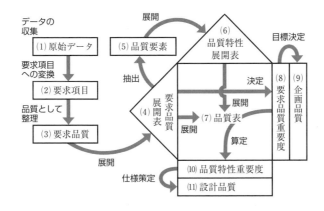

図 6.11 QFD のプロセス

(1) 原始データの収集

QFD では、対象商品に関するクライアントの情報を**原始データ**とよびます。いわゆる VOC、すなわちクライアントの生の声を集めたものです。インタビュー調査や、先行製品があればクレーム情報なども含めます。可能であればその原始データを語ったクライアントの属性（性別、年齢、ユーザとしての程度）も同時に集め、製品のターゲットを決める参考とします。

たとえば、新たな開発を目的として、ユーザに掃除機への不満や要望をインタビューしました。すると、

1. 吸い込みがいい。でも、ホットカーペットのカバーを吸い込んでしまうのは困る。
2. 音が大きい。
3. 音が静か。集合住宅なので階下への音漏れが気になる。
4. 引張って移動している間に後ろでひっくり返っている。
5. 本体が重い。
6. すぐに使える。コンセントへの抜き差しが必要ない。でも、充電式だとパワーが弱い？
7. コードが絡まない。何度も直すことが不要だと嬉しい。
8. 収納場所に困る（出しっぱなしだと見栄えが悪い）。

9. ゴミパックの脱着が簡単。そして、パックが安い。
10. （紙パック式もサイクロン式も）どうしても中に細かいホコリが溜まって、ゴミを捨てるときに舞う。
11. フィルタの掃除が面倒だ。
12. 長期間使用していると、消臭フィルタがついていてもホコリの臭いがする。
13. 狭い隙間を掃除するときは、ノズルを取り替えないといけない。
14. ゴミ捨てお知らせセンサが点灯する前に吸い込みが悪くなる。
15. ノズル先方についているブラシに糸くずや髪の毛が絡まり、ブラシの回転が止まる。
16. 掃除機の周りに髪の毛がつかない。静電気でつくことがあるので。
17. 別の掃除も一度にできる（たとえば床の水拭き、網戸洗いなど）。
18. 天井掃除ができる。とくにお風呂場の天井掃除！　できると嬉しいなぁ。
19. 掃除をすると除菌もできる。光触媒とかで。
20. 掃除が楽しくなる。音が鳴るとか、喋るとか。
21. 値段が安い。

このように雑多な VOC が寄せられます。

なかには、「……したい」との要望や「……があるといい」との手段、あるいは「……が困る」との否定的表現など、さまざまな声がありますが、これらをそのまま原始データとします。

VOC を集めただけでは、同じような要求が多数並びます。ですから、KJ 法式に「同じような」声を集約します。たとえば、「2. 音が大きい」と「3. 音が静か……」は、じつは同じ要求です。「音が大きいから静かにしてほしい」がクライアントの求めるところです。ですので「音が静か」とまとめます。このように、同じようなデータが多数あるときには、多くのクライアントがその要求を抱いていると考えられます。データ数は後のステップで、**要求品質重要度**を決めるときの参考とします。

(2) 要求項目への変換

原始データに対して、クライアントが「なぜ？」このようにいったのかを考えます。どのような状況で、何に直面して思ったのかを推測し、VOC に含まれる基本的要求を探り出して要求項目へと整理します。

要求項目では、複数の要求を含まないようにします。機能を「目的語＋動詞」と考えたように、それぞれの要求項目の動詞をひとつとするように考えます。たとえば、原始データ「1. 吸い込みが〜」は、「ゴミをよく吸う」と「ホットカーペットのカバーを吸い込んでしまうのは困る」の複合項目です。さらに「ホットカーペット〜」からは、フローリングまたは畳の上にホットカーペットが敷いてある状況が想定されます。おそらくは、吸い込んでは困るものは座布団や毛布のカバーなど、ほかにもあるでしょう。ですから「1. 吸い込みが〜」は、「ゴミだけを強力に吸い込む」「床や畳やカーペットなど、どこでも吸える」「吸い込んでは困るもの（ホットカーペットのカバーなど）を吸い込まない」との3項目に分けます。

あるいは、「6. 〜充電式……」と手段を含めた表現がありました。クライアントが語ったからといって、そのまま要求ではありません。手段が語られるときには、必ず目的が隠されています。なぜ充電式とユーザが思ったかを考えます。たとえば、ユーザは「コンセントのないところで使いたい」と考えているかもしれません。

原始データには否定的表現も肯定的表現もありますが、要求項目では、できるだけ肯定的表現にします。なぜなら、デザインでは何かを達成する実現手段を作るからです。「……できない」では、実現手段はできません。「11. フィルタの掃除が面倒だ」は否定的ですので、「フィルタ掃除の手間をなくす」とします。

最後に「21. 値段が安い」ですが、これは品質とは別に決定すべき戦略ですので、要求項目からは外します。

(3) 要求品質として整理

次に要求項目から**要求品質**へと展開します。要求品質とは「製品としての品質」、すなわち製品に求められる機能や性能です。ただしあくまでもクライアント視点から求められる品質です。要求品質では「何を実現すればよいのか」を考え、対象を明確にして、できるだけ具体的な表現にします。

原始データから要求項目、要求品質への展開をまとめて表6.7と表6.8に示します。表6.7は、ふつうの掃除機に備えられている機能や性能です。狩野モデルの性能品質・当たり前品質に相当する項目でしょう。また、表6.8はふつうの掃除機にはない機能や性能です。これらの項目が実現できれば、魅力的品質とできるかもしれません。

表6.7 原始データから要求項目、要求品質への展開（性能品質・当たり前品質）

番号	データ属性 性別	データ属性 職業	原始データ	要求項目	要求品質
1	女性	主婦	吸い込みがいい。でも、ホットカーペットのカバーを吸い込んでしまうのは困る。	ゴミだけを強力に吸い込む	強力に吸い込む
					ヘッドがゴミを引きはがす
				床や畳やカーペットなど、どこでも吸える	←
				吸い込んでは困るもの（ホットカーペットのカバーなど）を吸い込まない	↑（ヘッドがゴミを引きはがす）
					困るものに吸い付かない
2	女性	会社員	音が大きい。	音が静か	本体動作音が静か
3	男性	会社員	音が静か。集合住宅なので階下への音漏れが気になる。		吸い込み音が小さい
					キャスターが音を出さない
				音漏れを気にならなくする	音を抑えられる
4	女性	主婦	引張って移動している間に後ろでひっくり返っている。	本体がホースについて動く	ホースで本体をうまく動かせる
				本体が転倒しない	倒れにくい本体
					引っかからない形状
5	女性	主婦	本体が重い。	引張るのに力が要らない	軽く引張れる重さ
6	女性	主婦	すぐに使える。コンセントへの抜き差しが必要ない。でも、充電式だとパワーが弱い？	コンセントのないところで使いたい	充電／コンセント、どちらでも使える
				パワーが弱くない	↑（強力に吸い込む）
					電池残量がわかる
				充電時のコンセントへの接続が容易	←
7	女性	主婦	コードが絡まない。何度も直すことが不要だと嬉しい。	電源コードの出し入れが容易	←
				電源コードが絡まない	←
8	女性	会社員	収納場所に困る（出しっぱなしだと見栄えが悪い）。	スマートに収納できる	←
9	男性	会社員	ゴミパックの脱着が簡単。そして、パックが安い。	ゴミパックの脱着が簡単	←
					ゴミの量がわかる
10	女性	主婦	（紙パック式もサイクロン式も）どうしても中に細かいホコリが溜まって、ゴミを捨てるときに舞う。	パックに確実にゴミが入る	←
				ゴミをこぼさずにパックを外せる	←
11	男性	会社員	フィルタの掃除が面倒だ。	フィルタ掃除の手間をなくす	←
12	女性	会社員	長期間使用していると、消臭フィルタがついていてもホコリの臭いがする。	臭いがしないようにする	臭いを消す
					臭いを閉じ込める
13	男性	会社員	狭い隙間を掃除するときは、ノズルを取り替えないといけない。	ノズル交換が簡単	交換用ノズルがそばにある
					交換したノズルを収納できる
14	女性	会社員	ゴミ捨てお知らせセンサが点灯する前に吸い込みが悪くなる。	ゴミの量がわかる	↑（ゴミの量がわかる）

表中←は、要求項目と同じ要求品質を示す。↑は同一の項目があることを示す。

6. アイデアより設計情報へ

　要求項目からは「複数の要求品質を作るように」と考えます。求められていることをできるだけ逃さないようにするためです。たとえば、要求項目「ゴミだけを強力に吸い込む」からは、ゴミ以外を吸ってほしくないとの希望が読み取れます。ですから、要求品質は「強力に吸い込む」と「ヘッドがゴミを引きはがす」とします。

　次の要求項目「床や畳やカーペットなど、どこでも吸える」は、製品に求められる性能ですから、そのまま要求品質とします。

　また、要求品質も要求項目と同じく、否定的表現は肯定的表現に改めます。次の要求項目「吸い込んでは困るもの〜を吸い込まない」は否定的表現ですので、これを実現する肯定的方法として「ヘッドがゴミを引きはがす」とします。この項目は他にも現れていますが、同じ項目となるのは構いません。また、「困るもの〜」は要求品質「困るものに吸い付かない」としましたが、これはさらに調査して、何と何に吸い付かないようにデザインするのか、目標を明確に定めることが必要です。

　要求項目「音が静か」は、本体の動作音、吸い込み口からの吸い込み音、あるいは移動させるときの音のいずれかを、あるいはすべてをクライアントが不満に思っているのかもしれません。ですので、「本体動作音が静か」「吸い込み音が小さい」「キャスターが音を出さない」と分解します。

表6.8　原始データから要求項目、要求品質への展開（魅力的品質）

番号	データ属性 性別	データ属性 職業	原始データ	要求項目	要求品質
15	女性	主婦	ノズル先方についているブラシに糸くずや髪の毛が絡まり、ブラシの回転が止まる。	糸くずや髪の毛が絡まない	←
				糸くずや髪の毛を簡単に取り除ける	←
16	女性	主婦	掃除機の周りに髪の毛がつかない。静電気でつくことがあるので。	ケースを帯電防止にする	←
				本体の外側のゴミも吸い込む	←
17	女性	会社員	別の掃除も一度にできる（たとえば床の水拭き、網戸洗いなど）。	水分を含んだゴミを吸い込める	←
18	女性	会社員	天井掃除ができる。とくにお風呂場の天井掃除！　できると嬉しいなぁ。	天井掃除用のブラシがある	←
19	女性	学生	掃除をすると除菌もできる。光触媒とかで。	除菌したい	掃除したところを除菌できる
					本体を除菌できる
20	女性	学生	掃除が楽しくなる。音が鳴るとか、喋るとか。	掃除を楽しくする	?

表中←は、要求項目と同じ要求品質を示す。

表 6.9 要求品質展開表

1次	2次	3次
ゴミの吸い込み性能	ゴミの吸い込み性能	強力に吸い込む
		ヘッドがゴミを引きはがす
		困るものに吸い付かない
	ヘッドの使いやすさ	床や畳やカーペットなど、どこでも吸える
		交換用ノズルがそばにある
		交換したノズルを収納できる
掃除のしやすさ	音の小ささ	本体動作音が静か
		吸い込み音が小さい
		キャスターが音を出さない
		音を抑えられる
	本体の操作のしやすさ	ホースで本体をうまく動かせる
		倒れにくい本体
		引っかからない形状
		軽く引張られる重さ
	電源の自由さ	充電／コンセントどちらでも使える
		電池残量がわかる
保管・メンテナンスのしやすさ	収納のしやすさ	充電時のコンセントへの接続が容易
		電源コードの出し入れが容易
		電源コードが絡まない
	メンテナンスのしやすさ	ゴミパックの脱着が簡単
		ゴミの量がわかる
		パックに確実にゴミが入る
		ゴミをこぼさずパックを外せる
		フィルタ掃除の手間をなくす
	クリーンさ	臭いを消す
		臭いを閉じ込める
	デザインのよさ	スマートに収納できる

　原始データから要求品質へは、要求項目を通さずに直接作ればよいと思われるかもしれません。ところが、やってみるとわかりますが、そうではありません。VOCより真にクライアントが求めていることを探り出して、いったん要求項目としてまとめ、その後に実現しなければならない要求として詳細化した要求品質に展開するステップが、クライアント要求を漏らさず定義するためには効果的です。

　以降の展開は表 6.7 を使って進めます。表 6.8 の項目は魅力的品質とできるかもしれませんが、実現するためには技術を開発しなければなりません（図 6.12）。

(4) 要求品質展開表の作成

　図 6.11 では (4) **要求品質展開表**と (6) **品質特性展開表**を三角形に描きました。

表6.10　品質要素（部分）

要求品質（3次）	品質要素
強力に吸い込む	モータ出力、モータ回転数、ファン風量、ファン風量－静圧特性、吸込仕事率、ホース直径・長さ、フィルタ抵抗
ヘッドがゴミを引きはがす	ヘッド形状、ヘッド内蔵ブラシ形状
交換用ノズルがそばにある	ノズル形状、ノズル収納方法
本体動作音が静か	モータ騒音、ファン騒音、本体遮音性能、コントロール回路
吸い込み音が小さい	ヘッド形状、ノズル形状
キャスターが音を出さない	キャスタ構造、キャスタ材質
音を抑えられる	コントロール回路
ホースで本体をうまく動かせる	ホース弾力性、ホース強度、本体形状、ホース取付位置、本体重量、本体重量バランス、キャスタ取付位置、キャスタ直径
倒れにくい本体	本体形状、ホース取付位置、本体重量、本体重量バランス
充電／コンセント、どちらでも使える	コントロール回路、バッテリー、バッテリー充電回路

　これは、それぞれの展開表が階層構造に表されることを示します。

　要求品質展開表を作成するためには、類似する要求品質をグループに集め、次に関連するグループを集めてユニットを作ります。このようにして3次の階層とします。項目数が少ないときには階層は2次、あるいは1次（階層なし）のままで構いません。

　表6.7に示した性能品質・当たり前品質の要求項目から作成した要求品質展開表を表6.9に示します。1次要求品質は「ゴミの吸い込み性能」「掃除のしやすさ」「保管・メンテナンスのしやすさ」の3グループとしました。

図6.12　魅力的品質となるか？

表6.11 品質特性展開表（部分）

1次	電気的特性			機械的特性				構造								
2次	モータ		電子回路	ファン		フィルタ	総合	ホース	ヘッド		ノズル		本体				
3次	モータ出力	モータ回転数	コントロール回路	ファン風量	ファン風量−静圧特性	フィルタ抵抗	吸込仕事率	ホース直径・長さ	ヘッド形状	ヘッド内蔵ブラシ形状	ノズル形状	ノズル収納方法	外径形状	重量	重量バランス	ホイール取付位置	…

(5) 品質要素の抽出

　品質は、JIS 9000:2015 の 3.6.2 に「対象に本来備わっている特性の集まりが、要求事項を満たす程度」と定義されています。この定義を簡単にすれば、「品質とは、製品が、クライアント要求を満たす程度」となるでしょう。**品質要素**は、その製品の特性を実現する要素です。つまりは、クライアント要求を実現するためにエンジニアが作る要素です。

　要求品質（3次）から、要求を実現するためのハードウエアとソフトウエアの属性および技術的特性を考えます。これらが品質要素です。表 6.10 に一部を示します。たとえば、要求品質「強力に吸い込む」を実装するための品質要素は「モータ出力、モータ回転数、ファン風量、ファン風量−静圧特性、吸込仕事率、ホース直径・長さ、フィルタ抵抗」となります。

(6) 品質特性展開表の作成

　表 6.11 に品質特性展開表（部分）を示します。品質特性も要求品質と同じく3次の階層構造とします。厳密には品質要素を計測可能としたものが**品質特性**ですが、品質には意匠デザインや手触りや仕上げなどの計測の難しい官能特性もあります。しかも、これらは製品の品質を決める重要なパラメータですから、省くことはできません。無理にでも計測を可能にすると考えて、品質要素をそのまま品質特性とします。

(7) 品質表（マトリクス、二元表）の作成

　品質表では、左の見出し列にクライアント要求である要求品質を、上の見出し行に製品に実装する要素である品質特性を配置し、その間の「関係の強さ」を記

6. アイデアより設計情報へ

表6.12 ゴミの吸い込み性能に係わる品質表

品質特性 1次			電気的特性		機械的特性			構造			本体
品質特性 2次			モータ	電子回路	ファン	フィルタ	総合	ホース	ヘッド	ノズル	
品質特性 3次			モータ出力	モータ回転数	コントロール回路	ファン風量	ファン風量-静圧特性	フィルタ抵抗	吸込仕事率	ホース直径・長さ	ヘッド形状	ヘッド内蔵ブラシ形状	ノズル形状	ノズル収納方法	…
要求品質 1次	要求品質 2次	要求品質 3次												
ゴミの吸い込み性能	ゴミの吸い込み性能	強力に吸い込む	◎	○		◎	○	○	◎	△	○	○		
		ヘッドがゴミを引きはがす				◎	◎	○	○		◎	◎		
		困るものに吸い付かない				○	○				○	○		
	ヘッドの使いやすさ	床や畳やカーペットなど、どこでも吸える			△	◎	○	△	○		○	○		
		交換用ノズルがそばにある											◎	
		交換したノズルを収納できる											◎	

号で表します。記号は、◎：強い対応、○：対応ありの2段階、または、△：対応が予想されるを加えた3段階とします。

表6.12に「ゴミの吸い込み性能に係わる品質表」を示します。品質表によって、それぞれの要求（要求品質）を達成するための技術的要素（品質特性）を明らかにできます。

(8) 要求品質重要度の決定

表6.13に要求品質重要度・企画品質を示します。**要求品質重要度**は、クライアント要求の大きさを表す指標です。通常は要求品質の2次項目を用いて、それぞれに対する要求品質重要度を1から5の5段階として定めます。なぜなら、3次項目では、数が多くなりすぎて全体を見通しにくくなるからです。重要度は原始データでの要求数やインタビュー調査などを通じて、VOCを反映させます。

表6.13 掃除機の要求品質重要度・企画品質（部分）

要求品質 1次	要求品質 2次	要求品質重要度	品質企画 比較分析 自社製品	A社製品	B社製品	企画 企画品質	レベルアップ率	セールスポイント	ウエイト 絶対ウエイト	要求品質ウエイト（％）
ゴミの吸い込み性能	ゴミの吸い込み性能	4	4	4	3	4	1.0		4.0	7.5
	ヘッドの使いやすさ	3	2	4	3	4	2.0	1.5	9.0	16.8
掃除のしやすさ	音の小ささ	4	3	3	3	4	1.3	1.2	6.4	12.0
	本体の操作のしやすさ	4	2	3	3	4	2.0	1.2	9.6	17.9
	電源の自由さ	3	2	3	2	4	2.0		6.0	11.2
保管・メンテナンスのしやすさ	収納のしやすさ	3	3	3	3	3	1.0		3.0	5.6
	メンテナンスのしやすさ	5	4	3	3	4	1.0		5.0	9.3
	クリーンさ	3	3	2	3	3	1.0		3.0	5.6
	デザインのよさ	5	2	1	3	3	1.5		7.5	14.0

(9) 企画品質の決定

品質表の右には，品質企画として製品のベンチマークを示します。それぞれの要求品質（2次）について，自社製品とライバル製品の達成度を調査します。表6.13では，5段階の相対値として達成度を示します。この比較検討から，自社の次の製品の目標である**企画品質**を，メーカーとしての戦略に基づいて定めます。

現状の自社製品から企画品質を達成するまでの**レベルアップ率**は，

$$レベルアップ率＝企画品質／自社製品$$

から求めます。目標を高く持つのはよいことのようにも思われますが，レベルアップ率が大きくなればそれだけ開発がたいへんになります。たとえば，狩野モデルにおける性能品質となる項目では他社レベルをめざす，重点を置くと決めた項目は高く定めるなどの戦略に基づいて企画品質を決定します。

戦略的重点項目には，**セールスポイント**を設定することもできます。開発に際してとくに力を注ぐ項目です。セールスポイントは通常（空欄）は1.0，重点を置きたい項目は1.2，とくに重点を置く項目には1.5のように配点します。

絶対ウエイトは，

6. アイデアより設計情報へ

表6.14　ゴミの吸い込み性能に係わる品質展開表

品質特性 1次		電気的特性			機械的特性			構造			本体	要求品質重要度	品質企画							
		モータ		電子回路	ファン	フィルタ	総合	ホース	ヘッド	ノズル			比較分析			企画			ウエイト	
品質特性 2次													自社製品	A社製品	B社製品	企画品質	レベルアップ率	セールスポイント	絶対ウエイト	要求品質ウエイト(%)
品質特性 3次		モータ出力	モータ回転数	コントロール回路	ファン風量	ファン風量-静圧特性	フィルタ抵抗	吸込仕事率	ホース直径・長さ	ヘッド形状	ヘッド内蔵ブラシ形状	ノズル形状	ノズル収納方法	...							
要求品質 1次	2次	3次																			
ゴミの吸い込み性能	ゴミの吸い込み性能	強力に吸い込む	◎	○	○	◎	◎	○	◎	△	○	○									
		ヘッドがゴミを引きはがす				◎	◎	○	◎		◎	◎	◎		4	4	4	3	4	1.0	4.0	7.5
		困るものに吸い付かない				○	○				◎	◎	◎									
		床や畳やカーペットなど、どこでも吸える			△	○	△		△		○	◎	○									
	ヘッドの使いやすさ	交換用ノズルがそばにある											◎		3	2	4	3	4	2.0	1.5	9.0	16.8
		交換したノズルを収納できる											◎									
品質特性重要度			24	12	27	102	90	27	66	7	81	102	60	36								
(%)			3.8	1.9	4.3	16.1	14.2	4.3	10.4	1.1	12.8	16.1	9.5	5.7								
品質特性ウエイト			44.9	22.4	61.7	257.9	235.5	61.7	190.7	24.3	185.0	257.9	112.1	201.9								
(%)			2.7	1.4	3.7	15.6	14.2	3.7	11.5	1.5	11.2	15.6	6.8	12.2								
設計品質 (ねらい品質)			300(W)	5000(rpm)	MOSFETドライバを用いて	無負荷で30(L/min)	モデル××より大きな負圧	モデル××と同等性能	400(W)	従来品と同じ	従来型より10%の吸引力向上	能力化して15%向上	従来型より5%の吸引力向上	ホースに取付アタッチメントを開発する								

　絶対ウエイト＝要求品質重要度×レベルアップ率×セールスポイント

によって計算します。そして、絶対ウエイトの百分率を**要求品質ウエイト**とします。要求品質重要度は、マーケットからの期待を表すパラメータですが、絶対ウエイトと要求品質ウエイトは、マーケットからの期待とメーカーとしての戦略的

重点を合わせたパラメータです。

(10) 品質特性重要度の算定

品質特性重要度あるいは品質特性ウエイトは、新製品で注力する品質特性を表します。これらのパラメータは、品質表に示される「関係の強さ」を用いて求めます。**品質特性重要度**は、マーケットからの期待を表します。それぞれの要求品質ごとに（要求品質重要度×関係の強さ）を求め、縦の列である品質特性ごとに合計を求めます。

$$品質特性重要度 = \Sigma（要求品質重要度 \times 関係の強さ）$$

品質特性ウエイトは、マーケットからの期待にメーカーとしての戦略的重点を加えたパラメータです。

$$品質特性ウエイト = \Sigma（要求品質ウエイト \times 関係の強さ）$$

表6.14にゴミの吸い込み性能に係わる品質展開表を示します。ここでは関係の強さ◎、○、△に、6、3、1の数字を割り当てましたが、数値にとくに規定はありません。要求を適切に反映される数値とします。また、比較のために品質特性重要度と品質特性ウエイトには％値を示しました。

品質特性重要度からは、マーケット（要求品質）の期待に応えるためには、「ファン」と「ヘッド」の性能向上が重要であるとわかります。また品質特性ウエイトからは、メーカーの戦略的重点を達成するためには、これらに加えて「ノズル収納方法」への注力が必要とわかります。

(11) 設計品質（ねらい品質）の決定

品質特性重要度あるいは品質特性ウエイトの大きな品質要素が、マーケットから向上を期待されています。自社製品および他社製品の特性を比較分析して、期待に応える新製品の目標（仕様）となる**設計品質**を策定します。

iii パーツおよび工程への展開

6. アイデアより設計情報へ

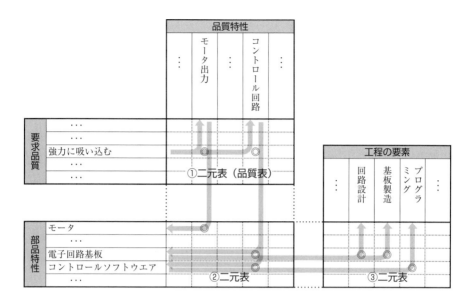

図6.13　品質特性のパーツおよび工程への展開

図6.13に品質特性のパーツおよび工程への展開を示します。ここまで紹介してきた品質表が①です。これはクライアント要求から抽出された要求品質と品質特性との関係を表します。この品質表によって、完成品の目標となる設計品質を策定します。

その完成品の設計品質を実現するためには、構成要素であるパーツやアセンブリの品質が重要です。その間を展開する二元表が②となります。それぞれの品質特性を実体化するために重要なパーツやアセンブリが**部品特性**として表されます。たとえば、品質特性「モータ出力」は部品特性「モータ」に、品質特性「コントロール回路」は部品特性「電子回路基板」と「コントロールソフトウエア」に対応します。このようにクライアント要求から見いだされた重要性をパーツやアセンブリへと展開します。

そして部品特性を実現するものが工程です。この関係を③の二元表で展開します。電子基板を作るプロセスは「回路設計」と「基板製造」であり、「コントロールソフトウエア」を作るプロセスは「プログラミング」です。これらが要求品質を実現するために注力を求められる工程です。ここで「モータ」は、社外より調達するとして、工程へは展開していません。

195

製品が完成するまでには、多くの人々が関与します。QFDは、デザインの意図と要求品質の重要性をデザイン担当者だけでなく、製造担当者、さらには社外のサプライヤーにも展開し、その情報を共有できる形とします。このようにQFDは、品質向上のための強力なツールとなります。

iv 適用事例 Jurassic QFD[9]

　ユニバーサル・スタジオ・フロリダのアトラクション、ジュラシック・パークのために開発された恐竜ロボットのQFD事例を紹介します。スペースシャトルのロボット・アームを開発したカナダのMDロボティクス社は、精密コントロール技術を見込まれて恐竜ロボットの開発に携わることになりましたが、同社にとって「恐竜」は初めてのチャレンジでした。

　ユニバーサル・スタジオ・フロリダに作られるアトラクション『トリケラトプスとの遭遇』では、全長7mの恐竜が、感情を持ったように動き、本物の動物のように呼吸し、まばたきし、よだれをたらし、おしっこをします。来場者は、恐竜に近寄り、頭をなでることもできます。このアトラクションを作るためのゴールは、かつてないほどに本物らしく動く恐竜を作ることでした。さらに恐竜ロボットには、高い信頼性も求められていました。

　このプロジェクトを成功させるためには、

(1) ユニバーサル・スタジオがどのような恐竜との体験を求めているのかを明らかにする。
(2) 恐竜への要求をエンジニアリング的要素に置き換える。
(3) エンジニアリング的要素を費用対効果の高いコンセプト・デザインに変換する。

ことが必要と考えられました。

　ユニバーサル・スタジオは、「家族と訪れた小学生の子どもがコースターに乗った後に恐竜牧場を訪れると、そこでは動物のように恐竜が動いている」アトラクションを求めていました。子どもたちが「生きた」恐竜を見て、「すごい」と感激するようなアトラクションです。これらの要求は、「顧客の声分析」を通じて「必要な属性」として明らかにされました（表6.15）。

6. アイデアより設計情報へ

表 6.15　顧客の声分析（文献 9 を元に作成）

顧客の声	使用状況（5W1H）	必要な属性
・ゲストと恐竜が近づいている ・油圧で動く ・繰り返しでないプログラム ・低動作音 ・本物のような皮膚 ・動物のような匂い ・ゲストに対して動物のように反応する	Who: 家族と来た8歳の子ども What: 楽しむ When: コースターに乗ったあとで牧場を訪れる Where: ジュラシック・パークの恐竜牧場 Why: 子どもたちにすごいと感じさせる How: ゲストは恐竜に近寄り、身体の一部に触ることができる	・スムーズな動き ・動作音がない ・本物らしく見える ・本物らしい匂い ・ゲストに対して本物のように振る舞う ・触られると反応する ・繰り返しでない動き ・1対1の個人的な体験 ・動物園のような ・ゲストに反応して動作する ・生きているように見える ・用心深く見える

　しかし、生きた恐竜を求められたとしても、6,600万年前に絶滅したのですから、それがどのようなものであるかは誰にもわかりません。そこでMDロボティクス社のエンジニアたちは、子どもたちが恐竜と触れられる環境をシミュレートしようと考えました。彼らは、動物とふれあうことのできる動物園を選び、そこで子どもたちを観察しました。

　そして彼らは、人間は動物の動きに感情を投影していることに気づきました。たとえば、動物が静かにしているとき、人は「退屈している」「眠そうだ」「恥ずかしがっている」などと思います。そこでアトラクションの恐竜をより魅力的にするため、この「行動−感情の関係」をダイアグラムにまとめてアニメータたち

表 6.16　行動−感情の関係（部分）（文献 9 を元に作成）

行動	当てはめる感情
物静か	退屈している
	眠そうだ
	恥ずかしがっている
興奮している	攻撃的
	悲しんでいる
	ギョッとした
	驚いた
	怖がっている
	心配している
	防衛的
活発な	やかましくしている
	好奇心を発揮している
	遊びたがっている
	幸せ

に示しました（表6.16）。

アニメータたちは、くしゃみをする、遊ぶ、足を動かすなどの動作を65枚の絵コンテにしました。それらより、「感情表現−絵コンテ」マトリクスを作成して、どの体勢と動きが強く感情を表すかを検討しました（表6.17）。「感情表現−絵コンテ」マトリクスでは、感情表現重要度を1〜5の5段階で、感情表現と絵コンテの関係の強さを1、3、9の3段階で表しました。そして感情表現重要度と関係の強さの積を絵コンテごとに合計し、重み合計値を求めます。この値から、どの姿勢が強く感情を表すのかを明らかにしました。

アニメータたちは、よりリアルに見せるためには、恐竜の身体全体を動かすのがよいと考えていました。ところが動物園の観察では、子どもたちは動物の頭にさわりたがっていることがわかりました。そこで頭を触れる動作にセールスポイントを配分しました（1：ふつう、1.2：エキサイティング、1.5：とてもエキサイティング）。セールスポイント倍された重み合計値はパーセントに換算され、絵コンテ重要度としました。これにより、目や鼻や舌など、頭のサブメカニズムがより重要とわかりました。

恐竜コンセプトを作る段階では、アーティストとエンジニアの間に共通の認識を作ることが必要でした。しかし、エンジニアたちには、ロボットに「くしゃ

表6.17 「感情表現−絵コンテ」マトリクス（部分）（文献9を元に作成）

絵コンテ番号 感情表現＼絵コンテ	7	8	52/54/55	53	56	29/58 59/60	61	62/63	6/64 18/65 48	感情表現重要度
	防御姿勢	怒る/攻撃的	目に見える反応	まばたき	鼻をすする	肌にさわる1/2 くねくね動く1/2	肌の温度	呼吸する1/2	ポーズを取る	
悲しい	9	9	9	9	9	9		9		2
ギョッとする		9	9	9	9	9		3		3
驚く		9	9	9	9	9		3		3
じゃれる		9	9	9	9	9		3		3
幸せ			9	9	9	9		3		4
重み合計値	83	69	339	351	327	351	0	201	0	
セールスポイント	1	1	1.2	1.2	1.5	1.5	1	1.2	1	
絵コンテ重要度(%)	1.5	1.2	7.2	9.3	8.6	6.2	0.0	4.2	0.0	

6. アイデアより設計情報へ

表6.18 「絵コンテ－恐竜動作」マトリクス（部分）（文献9を元に作成）

絵コンテ番号	感情表現	左前足を3ピッチ傾ける	左前足をぶらぶらさせる	左前足を回す	皮膚／関節	絵コンテ重要度
7	防御姿勢	3	3	3		1.5
8	怒る／攻撃的	9	9	9		1.2
42	後ずさりする	9	9	9		4.2
49	喉の動き					2.3
50	舌の動き					4.2
51/57	あごの動き1					5.2
52/54/55	目に見える反応					7.2
53	まばたき					9.3
56	鼻をすする					8.6
59/60/29/58	肌にさわる／くねくね動く1/2	2				6.2
62/63	呼吸する1/2					4.2
6/18/48/64/65	ポーズを取る					0.0
	重み合計値	397.4	397.4	397.4	0.0	
	身体の動き重要度	2.93	2.93	2.93	0.00	

表6.19 「恐竜動作－ボディパーツ」マトリクス（部分）（文献9を元に作成）

ボディパーツ / 身体の動き	頭のアセンブリ									首のアセンブリ			
	頭の基本構造	目のメカニズム	舌のメカニズム	鼻のメカニズム	口のメカニズム	呼吸メカニズム	あごの筋肉のメカニズム	頬の筋肉のメカニズム	ひだの筋肉のメカニズム	耳の筋肉のメカニズム	頭の外形と皮膚	首のメカニズム	首上部の筋肉	首下部の筋肉	首の外形と皮膚
左前足を3ピッチ傾ける															
左前足をぶらぶらさせる															
左前足を回す															
左前足を地面にたたきつける															
右前足を3ピッチ傾ける															

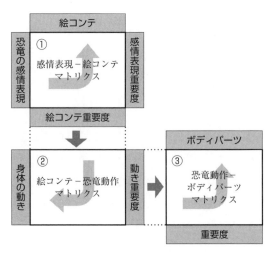

図6.14 恐竜ロボットのデザインに用いられた QFD

み」をさせるためにはどのような機能や性能が必要となるのかがわかりません。そこで「絵コンテ－恐竜動作」マトリクスを作成し、絵コンテを実現する恐竜の動きを明らかにしました（表6.18）。そして「恐竜動作－ボディパーツ」マトリクスにより、恐竜を動かすために重要となるパーツを特定しました（表6.19）。

以上のデザイン・コンセプト作成の流れを図6.14に示します。MD ロボティクス社では、①「感情表現－絵コンテ」マトリクスより、恐竜の感情を感じられる姿勢をアニメータたちに示し、②「絵コンテ－恐竜動作」マトリクスより、絵コンテで表された感情を表現するための恐竜の動作をエンジニアたちに示しました。そして、③「恐竜動作－ボディパーツ」マトリクスによって、どのパーツに注力すべきかを明らかにしました。

同社はこれらのマトリクスの他にも、恐竜の動作とボディパーツに必要となる性能を QFD によって評価し、さらに FMEA を用いて各パーツの信頼性を検討しました。これによりシステムを重点指向とし、重要動作と重要部品に注力して、低コスト、短期間で高信頼性ロボットの開発に成功しました。

6.5. 品質をデザインする

i　信頼性のデザイン

　クライアント要求にこたえ、製品の価値を高める活動が**品質保証**です。品質保証では、顧客の声やマーケットからの情報を分析して定めたクライアント要求に基づいて、機能・性能、耐久性、保守性、安全性などの品質特性（設計品質）を定量的に定め、デザインに実装します。

　信頼性は**ディペンダビリティ**として JIS Z8115:2000 に、

アイテムが	（対象とする製品）
与えられた条件の下で、	（環境条件と製品の動作条件）
与えられた期間、	（製品の使用期間）
要求機能を	（製品に要求される機能）
遂行できる能力	（製品に要求される性能）

と定義されています。つまり**信頼性**とは、設計目標と定めた期間、想定された使用環境における製品の機能や性能を保つという「耐久能力」です。

　したがって、**信頼性設計**とは、耐久能力という性能をデザインすることとなります。構造設計が構造を、回路設計が回路をデザインするように、信頼性設計はある条件下で機能と性能をある期間保つ能力を製品に組み込むことが目標です。

　信頼性の観点では、製品の状態はふたつです。**動作**は製品が支障なく要求機能を達成している状態であり、**故障**は達成できない状態です。ここで製品には、故障したら捨てられる**非修理アイテム**と、修理して機能を回復させて使う**修理アイテム**があります。修理アイテムでは、事前に故障を防ぐための整備と、故障時の速やかな動作復帰が求められます。これらを**保全性**とよびます。信頼性はこの**保全性**も含めて考えます。

　ここでは FMEA と FTA を紹介します（図 6.15）。FMEA は下位の構成要素に生じた**故障モード**を出発点として上位へとボトムアップし、システムや周囲環境への影響を探ります。そして、これらの影響の程度から、製品の信頼性向上のための指針を与えます。一方 FTA は、事故や故障などの好ましくない**トップ事象**から構成要素へとトップダウンし、問題の発生経路や原因を探ります。これによって、好ましくないトラブルを防ぐための方策を検討します。

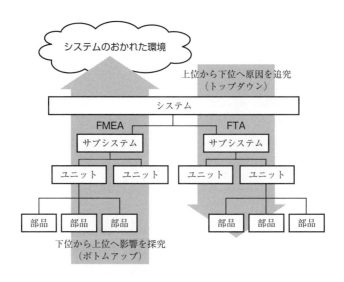

図 6.15 FMEA と FTA

ii　FMEA 故障モード・影響解析[10]

(1) 故障メカニズムと故障モード

　FMEA（Failure Mode and Effects Analysis）では、デザインの弱点や欠点を見つけるために、構成要素の故障モードを考えます。そして故障が生じた要素から、その上位アイテムへの影響を解析します。FMEA の"Effects"は複数形ですが、これは故障に起因する影響すべてを考えようとすることを表します。

　製品内部のパーツやアセンブリは、物理化学的**ストレス**を受けて劣化し、やがて故障します。キーボードは繰り返し打たれて摩耗し、紫外線によってプラスチックは劣化し、電子基板に溜まったホコリは湿気を吸って絶縁不良を招きます。これらの振動や紫外線、湿気やガス、温度や電圧、衝撃や応力などのストレスが、パーツやアセンブリの強度を超えたとき、あるいは劣化を招いたときに故障を引き起こします。この故障発生の過程を**故障メカニズム**とよびます。

　故障に至るストレスが異なれば、故障メカニズムも異なるのですが、出現する故障の形態は限られます。たとえば水道管は、クルマの振動によって変形し、地震によって破断し、腐食によって漏れ、サビによって詰まります。あるいは血管は、加齢によって変形し、ケガで破れ、引っ掻いて漏れ、コレステロールが詰ま

ります。掃除機のホースは、踏みつけて凹み、古くなってちぎれ、ぶつけて穴が空き、大きなゴミを吸って詰まります。

このようにパイプでは、液体や気体や粉体などの流す物体に拘わらず、故障の形態は変形、破断、漏れ、詰まりの4種しかありません。これらを**故障モード**とよびます。故障モードは、製品やシステムの構成要素に起こり得る不具合を、容易に予測し得るように汎用化・抽象化し、一般化を図った故障の形態です。パイプであればガス管や下水管、排気管や石油パイプラインなど流すものが何であれ、これら4種の故障モードから影響を探ればよいとわかります。対策のためには「ストレス→故障メカニズム→故障モード」の因果関係を明らかにしなければなりませんが、故障からの影響を評価するためには、故障モードをスタートに考えます。

(2) FMEAの対象

FMEAは通常、パーツのレベルから製品やシステムまでを対象としますが、パーツが数千、数万点となるシステムでの解析は容易ではありません。そこでユニットやアセンブリのレベルから製品やシステムまで、あるいは設計変更した箇所や重要部位に限定してFMEAを実施します。FMEAの実施に際しては、設計図や組立図などの資料を元に、選定部位の構造、機能を把握し、要求仕様、環境条件、使用状況を確認します。解析対象への知識と理解が重要です。それらがなければ、起こり得る故障とその影響を適切に想定できません。

起こり得る故障といっても、現実にあり得ない状況は想定不要です。たとえば、飛行機から落とされたり、宇宙空間へ投げ出されたり、といった状況です。けれども、起こり得る状況、たとえば電気毛布がかぶさった過熱や、コンクリートの床に落とされた衝撃などを抜かさないようリストにします。

(3) FMEAの実施手順

① 解析対象の理解

ここではヘアドライヤーを例にFMEAを考えます。図6.16にヘアドライヤーの分解図を示します。ヘアドライヤーは、①ファン、②ダクト、③モータ、④ヒータアセンブリ、⑤遮熱板、⑥流入口フィルタ、⑦流入口フィルタホルダ、⑧左側ボディ、⑨流出口フィルタ、⑩流出口フィルタホルダ、⑪風向ガイド、⑫右

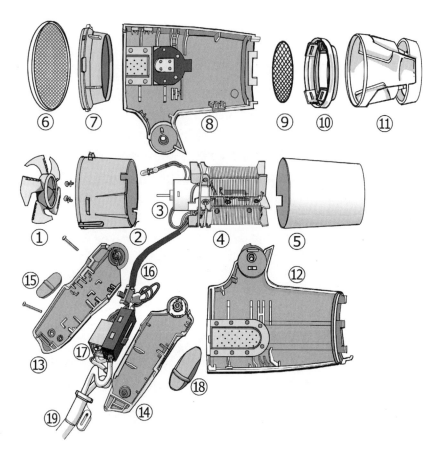

図 6.16 ヘアドライヤーの分解図

側ボディ、⑬左側グリップ、⑭右側グリップ、⑮電源スイッチパッド、⑯電源スイッチ、⑰風量＆出力切り替えスイッチ、⑱風量＆出力切り替えスイッチパッド、⑲プラグ＆コード、などのパーツとアセンブリおよびネジから構成されています。

② 信頼性ブロック図の作成

　システムの機能実現に用いられている構成要素を確認するため、**信頼性ブロック図**を作成します。信頼性ブロック図は、システムを構成する構成要素間の信頼性（故障）のつながりを示します。要求－機能の関係を示す図ではありません。

6. アイデアより設計情報へ

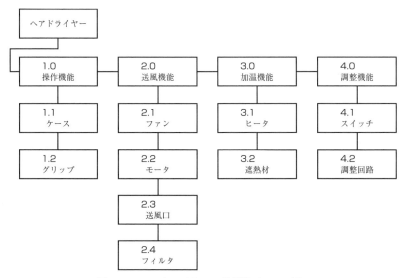

図 6.17　ヘアドライヤーの信頼性ブロック図

　図 6.17 にヘアドライヤーの信頼性ブロックを示します。ヘアドライヤーが機能を果たすためには、構成要素「1.0 操作機能」「2.0 送風機能」「3.0 加温機能」「4.0 調整機能」が働く必要があります。これらのうち、どれかひとつでも故障したらヘアドライヤーの機能は損なわれます。このように、どれかひとつでも欠けたら上位機能を失うシステムを**直列システム**とよびます。これに対して、どれかが壊れても他が代替（バックアップ）できるシステムを**並列システム**とよびます。たとえば、自動車のタイヤとスペアタイヤの関係です。

　構成要素がそれぞれの機能を果たすためには、下位の構成要素も働かなければなりません。「2.0 送風機能」は、「2.1 ファン」「2.2 モータ」「2.3 送風口」「2.4 フィルタ」から構成されています。これらもまた直列システムを構成しており、どれかが壊れると送風機能はまったく／部分的に機能できなくなります。

　この信頼性ブロック図に示される各ブロックは、ひとつまたは複数のパーツで構成されます。たとえば「1.1 ケース」は、図 6.16 の②と⑧と⑫のプラスチック・パーツから構成されます。どれかのパーツが壊れると、そのブロックはまったく／部分的に機能できなくなります。

表6.20 プラスチック材料の故障モード例（文献10を元に作成）

ストレス	故障メカニズム	故障モード
高温	軟化	変形、溶断
過熱（蓄熱）	蓄熱発火	発熱、発火
高温＋吸湿	加水分解	き裂、破断
高温＋応力	膨張	変形、き裂、破断
応力＋時間	応力弛緩	変形
オゾン、ガス、紫外線	劣化	退色、変色、強度低下、破断

③ 故障モードの抽出

　信頼性ブロック図に示される構成要素ごとに、起こり得る故障モードをリストにします。文献（10）に示される「ストレス－故障メカニズム－故障モード」表を参考に、パーツの構成要素に生じる故障をリストにします。構成要素にそれらの故障が生じたときに、パーツの機能がどう失われるかを考え、パーツとしての故障モードを探ります。

　例としてプラスチック材料の故障モードを表6.20に示します。材料としてのプラスチックの故障モードは、表に示される9種です。これより、プラスチックが用いられるパーツの故障モードを考えます。

　たとえば、「き裂」と「破断」「溶断」は、プラスチック材としては異なる故障モードですが、「1.1 ケース」では同じ影響を持つ故障モード「破損、欠損」となるでしょう。同様に「退色」と「変色」も同じ影響を持ちます。「発火」と「発熱」はヒータアセンブリで検討すればよく、また、このケースではとくに強度を求められてはいませんので「強度低下」は不要と考えます。

　ただし、プラスチック材が他の機能の維持に使われている箇所では、プラスチック材の故障が引き金となるその機能の故障モードも考えます。たとえば配線コネクタのシェルのプラスチックにいずれかの故障モードが生じれば、その影響としてコネクタ接点の「接触不良」や「接点間の短絡」を招くかもしれません。これらは、コネクタとしての故障モードとなります。

　FMEAではストレスや故障メカニズムを探りませんが、解析途上で推定された原因は記録します。なぜなら故障への対策には、ストレスと故障メカニズムの解明が必要となるからです。また、原因を推定しながら考えることは、他の故障モードに気づくきっかけにもなります。

④ 影響の想定

6. アイデアより設計情報へ

　故障による影響は、アイテムそのものに対するものと、上位システムや環境に対するものがあります。たとえばヘアドライヤーのヒータが故障しても使えなくなるだけですが、自動車のブレーキが故障すれば大事故につながりかねません。

　この故障による影響の大きさに対して、**影響度**の等級を定めます。例として、自動車業界の国際規格であるIATF 16949[11]で定められた等級を表6.21に示します。人命に係わる破局的なシステム損傷からユーザには気づかれないような軽微なものまでを10段階に定めています。[12]

　ただしヘアドライヤーでは、ここまでの段階は不要でしょう。たとえば、

　　10：人的物的損害が予想される。
　　　5：使用不能となる。
　　　3：使用に差し支えが生じる。
　　　1：ほとんど影響はない。

との4段階とすることもできます。適切に影響を評価できる段階を設定します。

　また、故障の**発生頻度**の等級を定めます。1年に1,000台あたり1台、1ヶ月に100台あたり1台など、過去データがあればそれを用いて、あるいは製品の状況や経験を踏まえて段階を決定します。等級の細分化が難しいときには、「ごく希に」「希に」「ときどき」「しばしば」など、ユーザからのクレーム数により1～4のように数値化してもよいでしょう。

表6.21　設計FMEAの影響度等級基準（文献12より許諾を得て引用）

等級	程度	状況	説明
10	兆候なしの危険	不安全、法規制に抵触	破局的なシステムの損傷につながり、人的物的損害が予想される、または法規制に抵触する危険。ユーザは激怒し、PL訴訟の可能性がある。
9	兆候のある危険		
8	非常に高い	機能の喪失	走行不能や路上故障のような重大な故障につながる。場合によっては障害事故の可能性があり、ユーザは非常に不満足。
7	高い	ユーザは非常に不満足	
6	中程度	ユーザは不満足	走行中、機能低下を招くような中程度の故障につながる。車両は動作するが、快適性や性能低下の可能性。ユーザは不満を感じる。
5	低い	一部のユーザは不満足	
4	非常に低い	多数のユーザが気づく	外観、機能を低下させるような軽度の故障につながる。仕上げ、きしみ、ガタツキなど、多くのユーザから指摘される。
3	軽微	半数のユーザが気づく	
2	非常に軽微	少数のユーザが気づく	一部のユーザが気づくような軽微な故障につながることもあるが、ほとんど影響しない。
1	ない	影響なし	

表 6.22 ヘアドライヤーの FMEA ワークシート例

装置：ヘアドライヤー											
No.	アイテム		機能	故障モード	推定される原因	故障による影響		影響解析			推奨される対策
	サブシステム	パーツ・アセンブリ				アイテムへの影響	周囲・人への影響	発生頻度	影響度	(検出難易度)	致命度 (RPN)	
1.1	操作機能	ケース	内部を保護する 美観を保つ 操作性をよくする 感電を防ぐ やけどを防ぐ	変形	落下による衝撃	外観劣化	外観劣化	2	3		6	
				破損、欠損(穴)	落下による衝撃	通電部の露出、高温部の露出	感電、やけど	1	10		10	欠損部の生じにくいパーツに変更
				退色、変色	紫外線、熱による材料劣化	外観劣化		2	1		2	
2.1		ファン	回転力を風に変換する	割れ、欠け	衝撃	振動、異音	操作性の悪化	1	5		5	
				(モータ軸との)接合不良	かしめの不良	回らない	風を送れない	1	5		5	
2.2	送風機能	モータ	電気エネルギーを回転に変換する	回らない	製造不良による断線	加熱、焼損	風を送れない	1	5		5	
				回転数低下	ベアリンググリース減少	加熱	風量低下	2	3		6	
				異音(振動)	ゴミの混入、付着	振動、異音	使用感の悪化	2	3		6	
				異臭	髪の毛の混入	加熱、焼損	使用感の悪化	3	3		9	流入側メッシュの設計変更
				発煙、発火	製造不良、異物混入による絶縁破壊	発熱、発火	焼損、火災	1	10		10	
:	:	:	:	:	:	:	:	:	:	:	:	:
:	:	:	:	:	:	:	:	:	:	:	:	:

⑤ 致命度評価

表 6.22 にヘアドライヤーの FMEA 例を示します。発生頻度と影響度の積を**致命度**として求めます。発生頻度は小さくても影響度の大きな、あるいは影響度は小さくても頻発する故障モードは、クライアントに知覚される信頼性を低下させます。致命度の高いアイテムから、優先的に対策を講じます。

IATF 16949 では、影響度、発生頻度に加え**検出難易度**を検討します。検出難易度とは、設計・製造工程において潜在する故障メカニズムを検知できる可能性の逆数です。見つけられずに出荷されて故障や事故につながる可能性を最高の等級 10 として、組立途上あるいは検査でほぼ確実に見つけ出せるものを等級 1 とします。そして、影響度、発生頻度、検出難易度の積を**危険優先数（RPN：**

Risk Priority Number)、つまり致命度として評価します。

ヘアドライヤーくらいの部品点数の小さな製品では、検出難易度が高くなることはありませんので、ここでは致命度を用いています。

⑥ 対策措置の考案

致命度（またはRPN）から、対策すべきアイテムを決定します。すべての故障モードに対策を施せればよいのですが、たいていは予算的、時間的に難しいでしょう。また、どれだけの信頼性が求められるかは、製品によって異なります。原子力発電所や航空機では極めて高い信頼性が求められますが、ヘアドライヤーのような民生品では、コスト高となっては商品が成り立ちません。

民生品では、発生頻度の高い不具合、または頻度は低くても影響の大きな不具合、すなわち致命度の大きな故障モードから優先的に対策を考えます。対策は設計や構成要素の変更など、実施可能なものとします。そして、対策によってどれだけ致命度（またはRPN）を下げることができるか、その効果を検討してワークシートに記載します。FMEAを実施してもアイテムに反映されなければ、製品の信頼性は向上しません。着実な対策の実施が信頼性を向上させます。

(4) FMEAの実施にあたって

FMEAは効果的な技法ですが、成功させるためには漏れなく故障モードをリストにしなければなりません。「ストレス－故障メカニズム－故障モード」表を活用するなどして、漏れなくリストを作ります。FMEAは個別のパーツから解析をスタートしますので、パーツ間のインタフェースを見逃すことがあります。たとえば、あるパーツの変形が、他のパーツの欠落を招くような故障です。

影響の想定では、致命度が高くなる項目を逃さないよう、注意深く検討します（図6.18）。例をあげれば電子基板に使われるコネクタの故障モードは「接触しない」「接触不安定（接触したりしなかったりする）」「（他の端子との）短絡」の3種ですが、もしも異常過熱を検出する信号がこのコネクタを通るとすれば、装置の安全に係わる可能性があります。

デザインでは、故障が生じたときには、安全サイドに推移する**フェイルセーフ**を考えます。この場合には「接触しない」状況が生じたときには「異常」の検出となるようにします。

FMEAは「故障モード・影響解析」と訳されているように、システムを構成

図 6.18　故障の影響

要素に分解して、その不具合が及ぼす影響を分析・評価します。当初はハードウエアの信頼性解析ツールとして利用されていましたが、今日では、ソフトウエアや医療や流通などのサービスにも活用されるようになっています。さらにプロセスを分解して分析・評価できることから、工程 FMEA として生産工程にも広く用いられています。自動車業界では、変更点に着目して解析するデザインツール DRBFM（Design Review Based on Failure Mode）[13]として活用されています。

iii　FTA 故障の木解析

(1) FTA とは

　FTA（Fault Tree Analysis）は、信頼性または安全性上その発生が好ましくない事象について、その発生経路を遡って樹形図に展開し、発生経路および発生

原因、発生確率を解析する技法です。家電製品の発火や自動車エアバックの異常動作などの起こしてはならない不具合を**トップ事象**と定め、その原因を段階的に掘り下げて解析します。

(2) FTA の実施手順

① 解析対象システムの理解とトップ事象の選定

FTA では、不具合を解析対象としてトップ事象に定めます。トップ事象には以下の3条件を満たす事象を選びます。

(1) 明確に定義でき、可能なら測定できる。
(2) 下位の事象を包含する。
(3) デザインで対処できる。

たとえば、「システムの機能喪失(カメラが写らない)」「部分的な機能低下(ネットワーク速度が50%に低下)」「安全に対する脅威(扇風機の発火)」などの事象は、FTA の対象です。ただし、「顧客満足度が上がらない」など明確に定義できない事象、「購入部品の値段が高い」などデザインで対処できない事象は、解析対象とはしません。

② FTA 図の作成

FTA では、トップ事象から下位の要因へと論理記号で結んだ樹形図を作成します。トップ事象を最上位に置き、下位へ向かって、これ以上展開できない**基本事象**あるいは情報不足で展開を保留する**非展開事象**に至るまでを解析します。

表6.23にFTA記号を示します。上位事象が発生する原因は、下位事象の存在です。下位事象が複数あるときには、ゲートを用いて記述します。**OR ゲート**はひとつでも下位事象が存在すれば上位事象が発生する組合せを、**AND ゲート**はすべての下位事象が存在したときのみ上位事象が発生する組合せを表します。また、**制約ゲート**は下位事象と条件事象が同時にあるときに上位事象が発生する組合せです。

図6.19に「ネットワークにつながらない」をトップ事象としたFTA例を示します。トップ事象を招く中間事象は、「社内回線トラブル」と「社外回線トラ

表 6.23 FTA 記号

記号	名称	意味
□	事象	事象を記述。最上位ならトップ事象、途中なら中間事象。
○	基本事象	これ以上展開できないまたは展開しない事象（装置レベルならパーツなど）。
◇	非展開事象	情報不足で展開しない事象。必要に応じて今後解析。
⌂	通常事象	故障ではなく通常起こる事象（天候など）。
OR記号	OR ゲート	いずれかの下位事象が存在すれば上位事象が発生する。信頼性ブロック図での直列システム。
AND記号	AND ゲート	すべての下位事象が存在するときのみ上位事象が発生する。信頼性ブロック図での並列システム。
制約記号	制約ゲート	下位事象が存在し、かつ条件事象が存在するとき上位事象が発生する。
△ △	接続子	他の部分や他の FT 図からの移行または連結。

ブル」です。このどちらが生じてもトップ事象が発生しますから、OR ゲートでつなげます。ここで、社外回線トラブルは自社では対処できませんので非展開事象とします。社内回線は無線（Wi-Fi）と有線（LAN）があるとして、どちらかが使えれば外部ネットワークまでは接続できるならば、ここは AND ゲートです。そして LAN 故障は、LAN ルータ故障と LAN ケーブル故障のどちらかで生じますので OR ゲートです。

図 6.20 にクルマのタイヤの「スリップ発生」FTA 例を示します。低速でスリップは生じません。スリップするときは、クルマはオーバースピードです。ですので、オーバースピードを条件事象とする制約ゲートを用います。その下位事象は「ABS（アンチロック・ブレーキ・システム）故障」かつ「路面ぬれ」のときに発生しますから、ここは AND ゲートでつながります。そして「路面ぬれ」は天候によって起こりますから**通常事象**です。

(3) 定量的解析

基本事象の発生確率から、トップ事象に至る確率を推定できます。基本事象の

6. アイデアより設計情報へ

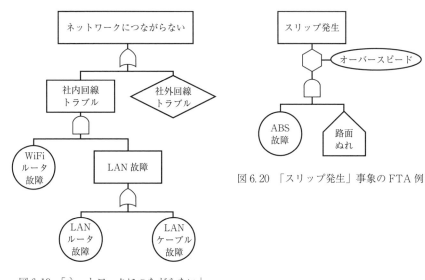

図 6.19 「ネットワークにつながらない」事象の FTA 例

図 6.20 「スリップ発生」事象の FTA 例

発生確率は MTBF（平均故障間動作時間）や故障率がわかればそれらの値を用います。わからない場合には、1 年間にどのくらい発生するかなどの推定値を用います。たとえば 1 年間に 100 台のうちの 1 台に生じる不具合であれば、年間故障率 P = 0.01、あるいは 1 年間に平均で 4.3 分停電するとしたら、年間故障時間率 P = 4.3 / (365 × 24 × 60) ≒ 8.18×10^{6} としてもよいでしょう。

計算では、異種の確率を混在させてはいけません。同種の確率同士で計算します。また、独立の事象でない（一方の故障が他方の発生確率に影響する）ときには、計算方法が異なります。

OR ゲートでは、下位事象の発生確率の和となります。たとえば図 6.19 で「社内回線トラブル」が年平均で 0.5 日あり、「社外回線トラブル」が 1.5 時間あるとしたら、1 日あたりのトラブル発生確率は、

P (社内回線トラブル) = 0.5 / 365 ≒ 1.37×10^{-3}
P (社外回線トラブル) = 1.5 / (365 × 24) ≒ 1.71×10^{-4}

より「ネットワークにつながらない」確率は、

$$P\binom{\text{ネットワークに}}{\text{つながらない}} = P\binom{\text{社内回線}}{\text{トラブル}} + P\binom{\text{社外回線}}{\text{トラブル}}$$
$$= 1.37 \times 10^{-3} + 1.71 \times 10^{-4} \fallingdotseq 1.54 \times 10^{-3}$$

となります。

　ANDゲートでは、下位事象の発生確率の積となります。これは制約ゲートも同じであり、下位事象と条件事象の積となります。たとえば「Wi-Fiルータ故障」が10日あり「LAN故障」が18日あるとすれば、

$$P\binom{\text{社内回線}}{\text{トラブル}} = P\binom{\text{Wi-Fiルー}}{\text{タ故障}} \times P\binom{\text{LAN}}{\text{故障}}$$
$$= 10\,/\,365 \times 18\,/\,365 \fallingdotseq 1.35 \times 10^{-3} \fallingdotseq 0.5\,\text{日}\,/\,365\,\text{日}$$

です。

　バックアップシステムを用意して、システムの一部にトラブルが発生しても機能を維持できるように冗長系とすればANDゲートで結ばれます。このように、冗長系は信頼性を高められることがわかります。しかし、冗長にすればするほど、コストも増大します。

(4) FTAの活用

　FTAでは不具合より原因を探ります。見つけられた原因、あるいは原因が伝わる経路を改良して、システムの信頼性を改善します。故障発生時にも、事前にFTAが実施されていれば、原因究明に役立てることができます。もしも原因がFTA図に含まれていなければ、解析は不十分であったとわかります。そのときは新たに究明された原因をFTA図に組み込みます。

　FMEAとFTAを双方向から実施して、原因から影響を想定し、あるいは事象から原因を探ることが、システムの信頼性につながります。

(1) 　Darrell Mann 著、中川徹監訳『TRIZ 実践と効用 1A 体系的技術革新 改訂版』、クレプス研究所、2014
(2) 　Darrell Mann 著、中川徹監訳『TRIZ 実践と効用 2A 新版 矛盾マトリックス Matrix 2010』、クレプス研究所、2014
(3) 　土屋裕監修、産能大学VE研究グループ、『新・VEの基本』、産業能率大学出

版部、1998
(4) 佐藤嘉彦、『実践決定版 バリューエンジニアリング』、ユーリーグ、1996
(5) 赤尾洋二、『品質展開入門』、日科技連出版社、1990
(6) 大藤正、小野道照、赤尾洋二、『品質展開法（1）』、日科技連出版社、1990
(7) 永井一志、『品質機能展開（QFD）の基礎と活用』、日本規格協会、2017
(8) QFDには、要求項目と要求品質、品質要素と品質特性、絶対ウエイトと要求品質ウエイトと要求品質重要度、のように混乱を招くような名称がありますが、極めつけがこの、品質企画と企画品質です。ここの名称にはあまり神経質にならずにQFDを実施してください。
(9) Andrew Bolt, Glenn H. Mazur, Jurassic QFD, The 11th Symposium on QFD, 1999
(10) 鈴木和幸、『信頼性・安全性の確保と未然防止』、日本規格協会、2013。この本には付表として「ストレス－故障メカニズム－故障モード」の詳細な情報が示されています。
(11) 2016年10月まではISO/TS 16949であった。
(12) 鈴木和幸編著、『信頼性七つ道具R7』、日科技連出版社, 2008
(13) 吉村達彦、『トヨタ式未然防止手法GD^3』、日科技連出版社、2002

7. 失敗に学ぶ

この章では、過去の失敗から何を、どのように学ぶかを議論します。人生と同じくデザインも、過去の失敗から学ぶことが次の失敗を防ぐための最高の教科書です。そのためには、失敗知識をどう獲得し、どう活かすかを考えなければなりません。なぜなら、デザインは失敗の想定と回避のプロセスだからです。

7.1 すべては失敗から始まる

i 失敗とは

エンジニアにとって、失敗とは何でしょう。

この章では製品やシステムがうまく機能しないこと、故障や破損によって物的あるいは人的被害が生じることについて考えます。失敗による事故や損失は、クライアントだけでなくデザインした人にとっても不幸な出来事です。ですから、なんとしても防がなければいけない事態です。そこで、失敗を防ぐために何をすべきかを議論します。

ii 想定外の事態が失敗を招く

すべてのデザインは、うまくいく工夫の積み重ねからできています。作家が原稿を推敲し、画家がキャンバスに色を重ねるように、エンジニアはパーツの配置を動かし、プログラムを変更し、うまくいかない方法を修正します。設計図面を修正し、コンピュータ・シミュレーションによって確かめ、プロトタイプを製作し、デザインがうまく機能することを確認します。

デザイン時にうまく機能したとしても、製品は、使われ始めてから「想定外」

に直面します。天窓の上で子どもが飛び跳ねた、配管内の流体が温度計を振動させた、ひとつの破損から生じた衝撃波が連鎖的な破壊を招いた、大量の可燃性物質によって甚大な火災が生じたといった、デザイン時には想定されていなかった状況に遭遇します。

　想定外の状況に際しても、破壊や事故といった失敗に至らないときもありますが、いつも幸運とは限りません。2008年6月18日、天窓が割れて子どもが転落し、1995年12月8日、温度計の振動が配管を破壊してナトリウムを漏出させ、2001年11月12日、1本の破損から生じた衝撃波が1本数十万円する光電子増倍管を6000本以上破壊し、2001年9月11日には、航空機の衝突にも耐えるよう設計されたビルが、衝突そのものには耐えましたが、大量の航空燃料による火災に耐えきれず崩壊しました。これらの想定外の状況は、もしも事前に想定されていたならば、あるいは防ぎ得たかもしれません。

iii　失敗は計算間違いではない

　デザイン経験の少ない人は、「設計の間違いは計算の間違いに起因する」と考えがちです。無理もありません。テストで計算間違いによってしくじった経験は、誰しも10回や20回はあるものです。

　ところが現実のデザインの失敗は、計算間違いのような「うっかりミス」で起きてはいません。計算箇所は繰り返し確かめられ、間違いのないことを確認されているのですから。ここで、前節の事故例をもう一度考えてみましょう。

- 子どもが乗って割れた天窓は、雪荷重やその他の計算に間違いがあったわけではありません。しかし屋根材には、子どもがその上で飛び跳ねる衝撃は想定されていませんでした。

- 高速増殖原型炉もんじゅの温度計は、流体に生じる渦に揺さぶられて壊れました。流れの中の突起が渦を発生させることは、流体を扱うエンジニアには常識です。もちろん、渦の検証はなされました。ところが、検証忘れの箇所を見つけだすシステムがありませんでした。

- スーパーカミオカンデの光電子増倍管は、使用中の水圧に対しては十分

な強度に設計されていました。また、光電子増倍管が破壊される可能性も想定されていました。けれども、水圧が加わった中で管が破壊したときに発生する衝撃波については、評価がなされていませんでした。

・ニューヨークのWTCビルは、航空機の衝突に対する検討も、一般的な火災に対する検討もなされていました。しかし、満載された航空燃料が燃えるほどの火災は想定されていませんでした。

このように、いずれの例も失敗の原因は計算間違いではありません。非定常時に加わる負荷は仕様範囲外として想定されていなかった（天窓）、定常時に加わる負荷を見落としていた（もんじゅ）、非定常時は想定したものの、発生する現象を見落としていた（スーパーカミオカンデ）、非定常時の負荷が想定を超えていた（WTCビル）ことが、失敗につながりました。

エンジニアリングにおける失敗のほとんどは、誤った計算ではなく誤った判断の結果です（例外的に計算式が間違っていたために行方不明になった火星探査機[5]もありますが）。デザインに潜む弱点を見逃したこと、直面する状況や事態を見落としたこと、想定はしたものの評価が不十分であったことが失敗につながりました。

つまりは、「状況や事態を想定できなかった」ことが、デザインにおける失敗なのです。

iv 想定される状況に対応する

鉛筆の芯は、書きやすい「柔らかさ」と折れにくい「硬さ」を備えています。ジッパーは、手でかんたんに開閉できる動きやすさを有すると同時に、不用意に開かないだけの動きにくさとで作られています。車のドアは、いくぶん傾いた地面でも開けやすいくらい動きやすく、多少の風では閉まらないくらい動きにくいようにデザインされています。

エンジニアは、使用状況に対応できるように「うまくいかなかった」あるいは「使いにくかった」デザインを改良してきました。状況の把握と対応の積み重ねが、デザインの品質を生み出しています。

失敗に関しても同じです。電気製品の絶縁構造は感電を防ぎ、ガスレンジの立

ち消え安全装置は火災を防ぎ、クルマの燃料警告ランプはガス欠を防ぎ、ミシンのかがり縫いは服のボタンホールが裂けるのを防ぎます。製品やシステムが遭遇する状況や事態を想定できれば、それらへの対応策を考え、組み込むことができます。つまりは、失敗可能性への対応をあらかじめ組み込むことが製品の信頼性を高めるのです。同時に、これらの対応策を組み込むことは、失敗を予防する策ともなります。なぜなら、失敗の予防もまた、遭遇する状況や事態を事前に想定することから始まるからです。

たとえば、自動車には衝突安全性能試験[6]があります。これは過去の死亡事故から、どのような衝突によって命が奪われたのか、そのときにどのような構造あるいは安全装置があれば乗員を守ることができたのか、という観点から積み重ねられた評価法です。

事故が起きたなら、またどこかで同じような事故が起きる可能性があります。同じような事故に遭遇したと想定して、そのときに乗員を守るための方策を組み込んだ積み重ねが、自動車の安全性を向上させてきました。メーカーは今も、自社の事例だけからでなく他社の事例からも学び、安全性能を改善しています。

V 将来を想定する

ある意味で、失敗に対する修正の積み重ねこそがエンジニアリング・デザインといえます。エンジニアは、きちんと機能する製品やシステムを作ろうと、「眼前で」うまく働くようにデザインの修正を繰り返します。失敗を防ぐこと、すなわち製品やシステムが「将来直面するであろう状況や事態」に対してうまく機能するようにデザインするときもまた、取り組み方は同じです。

ただ、目の前で確認できるか、将来の状況を想定して確認するか、が違います。たとえば、いま扇風機が動くかどうかは、スイッチを入れればわかります。ところが将来にわたって機能が保たれるかを予測するには、何が起こるかを想定しなければなりません。モータにはホコリが溜まります。動きにくくなったモータの発熱は大きくなり、熱は周囲のパーツを劣化させます。ケミコン（コンデンサの一種）に封入された電解液が漏れ出すかもしれません。電解液を失ったケミコンは高温になり、発火するかもしれません。

失敗が起きた後であれば、対策は追加できます。しかし、起きた後では遅いのです。エンジニアには、このような起こり得る故障や危険の原因を想定し、それ

らへの予防策を組み込むことが求められています。デザインの段階で失敗を予測して未然に防ぐ**未然防止**です。

7.2 論理的にデザインを作ることはできない

i シミュレーションは万能ではない

　デザインは、数学の問題を解くように論理的なステップを進めて作るものではありません。そもそもデザインの種となるアイデアも、論理的な推論のプロセスから出てくるものではありません。課題を考える人の頭に「ひらめく」ものです。

　アイデアは、エンジニアの知識と経験に基づいてデザインへと形成されます。このときアイデアは、構造や回路などの形となれば、コンピュータ・シミュレーションによる検証も可能となります。しかし、シミュレーションはあくまでも、プログラムに組み込まれた条件下での強度や動作などを計算するものです。ですから当然、プログラム上で想定されていないことは計算できません。何を検証するかを組み込むのは人間であり、結果を解釈するのも人間の仕事です。そして、構造や回路に形作られる前の、アイデアそのものをシミュレーションする方法はありません。「シミュレーションしたから大丈夫です」と単純な思考を持つ人に、安全はデザインできません。

　失敗のないデザインを作るためには、そこに潜む失敗の可能性に気づくことが必要です。そのためには失敗を理解すること、そして失敗から学ぶことが重要です。近年、エンジニアリング製品やシステムがより安全になっているのは、失敗から学んだことが増えているからです。古代ローマの技術者にはわからなかったのですが、現代のエンジニアは有害だと知っているから、鉛を使わない水道管をデザインするのです。

ii 予期できなかった揺れ

　2000年6月10日、ロンドンのテムズ川に歩行者専用の橋としてミレニアム・ブリッジが開通しました。幅4mの歩道の両側に4本ずつのケーブルを水平に渡し、それに桁を持たせて路面を支えた斬新なデザインの橋です。

ところが橋は、多くの見物客で賑わったオープン初日から大きく揺れ、2日後には閉鎖を余儀なくされました。YouTubeには、オープニングの日に揺れるミレニアム・ブリッジの上で手すりにつかまる人たちや、バランスを取って歩く人たちの映像があります。なぜこのような失敗が生じたのでしょうか。

つり橋が兵士の行進や見物客の移動によって崩落した例は、200年以上も前から知られていました。同じロンドンにあるアルバート橋には、今日でも、「軍隊は橋を渡るときには行進を止めよ」との警告が掲示されています。当然、エンジニアはミレニアム・ブリッジの設計にあたっても、歩行者が引き起こす振動について「問題ない」と判断できるほどに検討しました。しかし「見落とし」が残されていたのです。

iii なぜ揺れたのか

人々が歩くときには、各自が勝手なペースで歩きます。ですから、軍隊の行進のような規則正しく揺り動かす力が橋にかかることはないはずです。それでも、ふざけて行進する若者もいるでしょう。ですから、歩行による規則的な上下の力は、設計段階で考慮されていました。

人の歩く速さは1秒間に約2歩です。つまり人が行進すると、1秒間に約2回の上下の力が路面にかかります。このペースは、ミレニアム・ブリッジに問題を生じさせるものではありません。シミュレーションによっても、そして実際の橋でも確認されています。

ところが、人が歩くときには上下方向以外にも力が加わります。人は、身体の重心がまっすぐ進むように、左右の足を一直線上に着地させて歩きます。このため僅かですが、右足は左斜め後ろへ、左足は右斜め後ろに地面を蹴ります。それぞれの足は、1秒間に約1回の周期で橋を左右に押します。ミレニアム・ブリッジでは、この周期が橋の固有振動数と合致していました。

物体を固有振動数と同じペースで押すとどうなるかは、ブランコを思い浮かべればわかります。揺れに合わせてブランコを押すうちに、振幅はだんだんと広がります。この現象がミレニアム・ブリッジにも起こりました。

では、なぜ左右への力が揃ったのでしょうか。人々は行進していたのではありません。自由に歩いていました。ただし、橋の上には多くの人がいました。このような状況では、それぞれが勝手な速さでは歩けません。周りの流れに合わせて

歩くことになり、歩調も揃ってしまいます。その後の実験で、かなりの頻度で橋を揺らすほどに歩調が揃うことが明らかになりました。

iv 状況や事態の想定は人の技

　人が橋に与える振動は、デザインの段階で検証され、問題を生じないことが確かめられていました。しかし、ミレニアム・ブリッジの振動を引き起こした「群衆誘発型歩行負荷」とでもよぶべき作用は、デザイン段階では想定されていませんでした。そしてこの見落としが、1年半の橋の閉鎖と、約9億円の改修費用を招く結果となりました。

　残念ながら見落としを完全になくす方法はありません。すべてが検出されたかどうかを見つけることもできません。たとえ廃棄されるまで安全に機能したとしても、それを見落としのないデザインであったとはいえません。たまたま破損に至る条件に遭遇しなかっただけかもしれないのです。ですから、もう一度そのデザインを用いたときに失敗が生じない保証にもなりません。

　中央自動車道上り線笹子トンネルには、2012年12月2日の朝まで毎日1万台以上のクルマが通っていました。もちろん、1975年の完成からこの日までの37年間、設計（施工）に見落としが残されていたとは誰も気づきませんでした。しかし朝8時3分頃、失敗は白日の下にさらされました。[(9)]

　デザインする人はみな、成功をめざしています。にもかかわらず、見落としは残されます。そして、その見落としが失敗を招きます。しかし「見落としなく」とかけ声をかけるばかりでは、失敗の種は拾い出せません。探すべきものが何かを知らなければ、探すことは不可能です。さらに、探すべきポイントがどこかわからなければ、労力を費やしても見つけられないでしょう。

　ベテランのエンジニアは、活用できる形として記憶を重ねた過去の**失敗知識**を、新しいデザインへと投影して考えます。その失敗知識とは、事例そのものではありません。失敗を分析し、その引き金となった本質的要因を解明し、その要因から一般化した**上位概念**です。要求を機能に変換して考えるように、事例を失敗知識へと変換して、新たなデザインが将来遭遇するかもしれない状況や事態に適用し、そのとき何が起こるかを考えます。そして「あらゆる」状況や事態を想定しようと全力を尽くします。なぜなら、状況や事態が想定されない限り、対策を考えることもできないからです。

では、どのように失敗知識を獲得するのか。そのためには、デザインを支える本質を見つめていることが必要です。

7.3. デザインを支える本質

i 機能の成功を支える本質は何か

エンジニアは、クライアント要求を満足させるために製品やシステムをデザインします。アイデアをスケッチに表し、「あらゆる要求項目の実現」を考えるとともに「あらゆる失敗の可能性」、つまりは製品やシステムの機能喪失が起こる状況や事態を想定します。想定のためには、その機能の「成功」を支えるものが何か、つまりは、失ってはならない信頼と安全を支える技術の本質がどこにあるのかを、しっかりと認識しなければなりません。

技術史上には、本質を忘れたための失敗がいくつも見られます。まずは、機能の成功が何に立脚しているかを考えましょう。

ii 本質の認識

18世紀にコークスを用いた製鉄が広まり、建設材料として鉄が使われるようになりました。世界最初の鉄の橋といわれるのは、イングランド中西部のセヴァーン川に架かるアイアンブリッジです。1779年に建設された約30mのスパン（橋脚と橋脚の間の距離）を持つ鋳鉄のアーチ橋は、世界遺産にも登録され、今も歩行者専用橋として使われています。

アイアンブリッジが建設された1770年代には、鉄材の形や大きさを決める計算方法はありませんでした。したがって鉄を用いようと考えたトーマス・ファーノルズ・プリチャードは、ローマ共和国以来の歴史を持つ石橋のアーチ構造を踏襲し、鋳鉄の部材は木の構造物と同じように結合しました。

デザインでは、変更した箇所に失敗が潜り込むことが少なくありません。なぜなら、変更によって意識しないうちに必要な機能が失われてしまうことがあるからです。プリチャードは、このことに気づいていました。ですから、実績のある方法を、慎重に応用したのです。

橋に要求される機能とは、人や物を安全に渡河させることです。その構造材には、必要なだけの圧縮または引張り力に耐えるという機能が要求されます。ここでの圧縮力とは、上に乗っている重さが押しつぶそうとする力です。これに対して引張り力とは、下にぶら下がる重さが引きちぎろうとする力です。

石と同じく圧縮には強い鋳鉄を、部材が圧縮力を受けるアーチ構造に用います。初めての材料ですから、耐荷重が十分に余裕を持つよう試作テストを繰り返したのでしょう。部材の結合にも、クサビやホゾなどの木工で実績のある方法が用いられました。細心の注意を払いながら組み合わせて確認を繰り返したにちがいありません。この慎重さが、240年もの長い年月を経た今もアイアンブリッジの優美な姿を保たせている理由のひとつなのです。

iii 拡大の罠

「現時点で失敗がない」ことは、デザインの完全さを証明するものではありません。むしろ、失敗する条件にたまたま出会っていないだけと考えるべきでしょう。ところが人は、問題がなければ大丈夫だと油断します。そして次には、少し大きくしても大丈夫だろうと考えます。しかし拡大を繰り返すと、小さなときには問題でなかった要素が大きな影響を持つようになり、それが成功を支えていた本質を崩すことになりかねません。技術史上、この「拡大の罠」によって引き起こされた失敗も数多くあります。

1940年7月1日、ワシントン州シアトルの南、タコマ市とキトサップ半島を結ぶタコマ海峡橋が開通しました。当時世界第3位の長さを誇っていたつり橋は、建設中から横風によって大きく上下に揺れ、作業員たちに「暴れん坊ガーティ」とよばれるほどでした。そして開通後も、上下振動のために前を走るクルマが見え隠れするところから、皮肉にも見物客の集まるスポットとなっていました。このためワシントン大学のフレデリック・バート・フォーカーソン教授は、16 mmフィルムを用いて橋の挙動を撮影するとともに、模型（といっても20 m以上もある巨大なものです）を用いて風洞実験を行ない、振動を解析しました。彼のフィルムはワシントン大学により公開されています。[11]

1940年11月7日朝、約19 m/sの風によって橋は小刻みな振動を始めました。そして10時頃、振動は大きなねじれモードに変化します。記録フィルムには、揺れる橋を歩くフォーカーソンが映されていますが、専門家である彼自身、橋が

落ちるとは考えていませんでした。やがて揺れは次第に大きくなり、10時45分、橋の中央部が崩落します。そして残った橋はなおも揺れ続け、11時、路面全体が崩落しました。

　当時の人たちにとって、風で橋が崩落したことは驚きでした。つり橋が落ちたのははるか「昔」のことで、「今」の橋にそんなことが起こるはずがないと信じられていたのです。それは専門家も同じでした。最新技術で建設された橋が完成からわずか4ヶ月で崩壊したことに、大きなショックを受けました。

　橋を破壊した横風による自励振動は、風のような連続的なエネルギーの入力によって振動が発生する現象です。風の強い日に木の枝がヒューと鳴る現象ですが、当時、そのメカニズムは明らかではありませんでした。そしてこの事故を契機として、自励振動に関する研究は進展します。

　自励振動のメカニズムが未知であったとはいえ、当時の専門家たちは、過去に風の力によって橋が崩壊したことを知っていました。よって、風の力への対応がデザインに組み込まれたから、つり橋が「成功」するようになったこともわかっていたはずです。ところが1930年代の設計者たちは、より長く、より美しい橋を作ることに熱中しました。そしていつしか、成功したデザインを支えていた本質は顧みられなくなっていました。その証拠に、「当時の最新技術」で建設された風によって揺らぐ橋は、タコマ海峡橋だけではありませんでした。それらの橋は、事故の後に慌てて改修がなされました。

　デザインを踏襲するためには、なぜ過去のデザインがその形になっているのかを徹底的に解明し、成功を支える本質を理解することが必要です。人間は、失敗の回避ではなく成功したモデルに基礎を置きたがります。しかしエンジニアは、成功した側面だけを見るのではなく、デザインを成功に導いている本質を常に見つめ直さねばなりません。本質を忘れれば、タコマ海峡橋の崩壊は歴史上の出来事ではなく、繰り返される失敗となってしまいます。

iv　安全のための思想

　2004年3月26日、東京の六本木ヒルズで男児が自動回転ドアに挟まれて死亡する痛ましい事故が起きました。[12]ビルの出入り口という、多くの人が通るところに設置されていたドアで起きた事故でした。この事故も「拡大の罠」に陥ったことが、その遠因と考えられます。

もともと回転ドアがヨーロッパで自動化されたときには、「軽くてゆっくり動くドアでなければ危険」と考えられていました。しかし日本に伝わったところで、もっとも重要な「軽くなければならない」という思想は失われ、「見栄えのよさ」が求められました。このため回転ドアのフレームはアルミからスチールに変更され、そのうえにステンレス化粧が施されて重くなりました。

　ドアが重くなると、回すためのパワーが足らなくなります。そこで中心軸を回していたモータを外周部に複数配置し、駆動系が強化されます。加えて高層ビルのドラフト現象（ビル内で温められた空気が上昇するため、入り口に空気をよび込む現象）や、ビル風を防ぐための「風圧に耐える」という要求も付加されました。軽いドアでは、しなったり軋んだりします。そのためドアは、さらに頑丈にされ、その結果、ドアの重量はさらに増えました。2.7トンの回るドアに挟まれたらどうなるか。考えるまでもありません。

　安全確保にはふたつのアプローチがあります。**本質安全**と**制御安全**です。本質安全は、衝突時の衝撃そのものをなくす、または低減する方法です。外部からブレーキなどの作為を加えなくても致命的損傷を与えることのない、適切な構造や機構をデザインに採用します。回転ドアでいえば、ぶつかってもケガをしないようドアを軽くする方法は、本質安全です。これに対して制御安全は、センサとシステムを用いて外部から作為を加えて損傷を防ごうとする方法です。重くなったドアに対してエンジニアは、制御安全に頼って安全を確保できるだろうと考えました。しかし、事故は起きてしまったのです。

　畑村洋太郎先生が指摘されるように、現代には制御安全に対する過信、すなわち「機械がうまく動かなければセンサと制御システムを設置すればよい」との風潮があるように思われます。しかし、これでは失敗が起こります。なぜなら、制御システムにも機能喪失の可能性があるからです。

　これは制御機器だけの問題ではありません。本質を忘れてしまえば、分野を超えて、どこでも起こることです。本質安全のないシステム、たとえば自動車の自動運転やドローンによる空中配送は、人とシステムを分離しない限り、大きな失敗を招くことでしょう。

　しかし、危険を恐れるだけでは進歩はありません。未知の危険を回避することも、エンジニアには求められています。そのためには、何が危険かを知ることと、それを見つけだす方法を編み出すことが必要です。

V　見落とされた機能喪失

　一見何の問題もない変更が、思いもかけない機能喪失を招いた例もあります。
　1960年代前半、ヨーロッパで高層アパート建築の新しい工法が開発されました。品質の安定と工期の短縮を狙った「プレハブ」工法です。壁、床、階段などのユニットを工場で製造して現場で組み立てるプレハブ工法を用いて、イギリスでは、1968年までに約3,000棟のアパートが建てられました。
　1968年5月16日早朝、東ロンドン・ローナンポイントにある22階建てマンションの18階に住むホッジ夫人は、ガスストーブを点けようとマッチを擦りました。このときマッチの火が漏れていたガスに引火し、爆発は彼女の部屋の壁を吹き飛ばします。そして、この壁によって支えられていた上層階は、支えを失って崩れ落ちます。上層階は18階の床を突き破り、建物の南東角を上から下まで崩壊させました。[13]これは概念設計における見落としが、偶発的な事故が発生するまで発見されなかった例です。
　この建物の壁には、「外と中を遮断する」という一般的な機能の他に、「上部の重量を支える」機能が付加されていました。通常のビルの「上部の重量を支える」機能は、柱や梁が受け持っています。ですから、ガス爆発で建物そのものが崩れることはありません。ところがローナンポイントでは、この機能の付加とその喪失可能性が、完全に見落とされていました。
　ローナンポイントは50年も前の事例です。現代では「そんなことは起こるはずがない」と思われるかもしれません。ところが「起こるはずがない」と信じる根拠は、どこにもないのです。
　2005年1月15日、福島県のペンションに宿泊していた親子がFF式石油温風暖房機から漏れた一酸化炭素（CO）によって死傷しました。[14]FF式では、燃焼用の空気を専用の給気管を通して屋外から吸引し、排ガスも専用の排気管を使用して屋外に排出します。屋内に排ガスを出さない、安全でクリーンな暖房機です。ところが、盲点が潜んでいました。この暖房機では、吸気ファンで取り入れた外気を、2本のホースで燃焼器へと送り込んでいました。一次吸気ホースからの空気は、燃焼器の内側へと送られ、そこで石油を霧状にします。一方、二次吸気ホースからの空気は、燃焼器の外側からバーナーの炎へと送られ、燃焼効率を高めます。吸気ホース1本であった従来型と比べ、それぞれに最適な流量を設定できる優れた設計でした。ところが、製造から約15年使用された暖房機の排気管

は煤やホコリで流れにくくなり、そこにゴムが劣化した二次吸気ホースにクラックが発生しました。このためバーナーへの空気供給が不足し、不完全燃焼により一酸化炭素が発生したのですが、排気管からは十分に排気できません。排ガスは、二次吸気ホースを逆流してクラックより室内へと漏出しました。

　ゴムホースに空いた穴が事故の引き金となったのですが、その引き金の原因は、耐久性に難のあるゴムのホースを使用したことです。そしてゴムのホースでよしとした理由は、ホースに穴が空いたとき何が起こり得るかの可能性を見落としていたからです。じつのところ、吸気ホース1本のときには、ホースに穴が空いても燃焼しなくなるだけです。このとき、排気が室内に漏れる可能性はありません。ところが2本となったときに、室内への排気漏出の可能性が生じました。FF式暖房機の「室内の空気と排気の分離」機能の喪失を見落としていたことが、失敗を招きました。これもまた、概念設計の段階に潜り込んだ見落としです。

　ヘンリー・ペトロスキー教授が指摘するとおり[15]、現代でも概念設計に適応できる理論や解析の手段はありません。ですから、昔の人たちが思いついたデザインと、現代の我々が思いつくデザインに本質的な違いがあると考えられる理由はありません。そして先人たちがミスを犯した道筋と、我々が構想でミスを犯し、その欠陥を残したデザインを完成させてしまう道筋にも、本質的な違いがあると信じられる理由もありません。

　「起こるはずがない」と根拠なく信じていては、失敗は繰り返されます。新しい試みをする際は、どうしても新しく導入したポイントがうまく機能するかの確認に意識が集中します。そのため、その機能を失わせる事態の想定が不十分となりがちです。しかし、新しく導入したポイントは、最初はうまく機能するとしても、従来であれば対応できていた過大負荷や時間経過にうまく対応できるとは限りません。ですから、機能喪失を招く事象と、機能喪失時の影響を想定しなければなりません。想定が不十分であれば、同じような失敗は繰り返し起こります。

7.4　失敗を次のデザインに生かす

i　失敗は分野や対象を超えて現れる

　発明では、分野や対象を超えて同じような「課題」と「解決の考え方」が出現

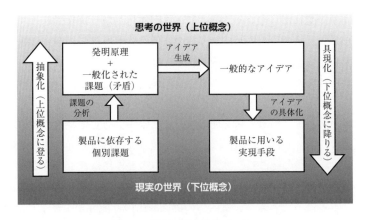

図 7.1　発明に至る思考プロセス

します。そして、それぞれの発明は多彩ですが、そこで使われる課題解決のエッセンスは類似しています。TRIZはそのエッセンスを発明原理として集約し、アイデアの発想に活用します。取り組んでいる個別の課題から意識の階層を登り、課題を一般化します。そして発明原理を用いて一般的なアイデアを得て、そのアイデアから個別課題へと階層を降りて適用する実現手段を考えます（図7.1）。

失敗も、たとえばタコマ海峡橋と自動回転ドアのように、分野（土木工学と機械工学）や対象（橋梁と自動ドア）を超えて、同じような要因（誘因）が出現します。見かけ上はまったく異なった失敗であっても、それに至るプロセスやメカニズムには類似の点が見つかります。であるならば、個別の失敗事例より要因やメカニズムのエッセンス（上位概念）を抽出し、失敗知識として一般化して、その失敗知識を実現手段へと展開すれば、デザインの失敗を未然防止できるでしょう（図7.2）。

事例を一般化する理由は、個別事例から直接に考えていては、眼前の現象に囚われてしまうからです。個別の失敗から上位概念へと登り、一般化された失敗知識として記憶します。要求から機能へと登り、機能からアイデアを探して実現手段へと具現化するように、失敗知識から起こり得る状況や事態を想定して、取り組んでいるデザインへと展開して考えます。

「誰かがどこかで、自分の課題と同じような課題をすでに解決している」のと同じく、「誰かがどこかで、自分がしでかしそうな失敗と同じような失敗をすでに体験している」のです。ですから、その失敗に学ばない手はありません。

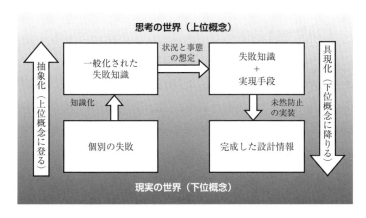

図 7.2 失敗知識をデザインに活用する

ii 失敗を知識化する

　個別の事例より要因やメカニズム、あるいは失敗を招いた状況を考えると、分野を超えて類似する失敗のエッセンスが見えてきます。

　たとえば、二槽式電気洗濯機の脱水槽が回っているときに蓋を開けて手を入れて、洗濯物に指を巻き込まれてケガをした事故がありました。[16]蓋を開けると脱水槽にブレーキが働いて停止するようにデザインされていたのですが、ブレーキシューが摩耗してブレーキが利かなくなっていました。ここで「摩擦力の減少」だと気づけば、「自転車のブレーキもブレーキシューが摩耗すると利かなくなる」のと同じような事態だとわかります。あるいは2006年6月3日、東京都港区のマンションでエレベータのブレーキが利かなくなり、高校生が亡くなる事故が発生しました。[17]この事例は設計上の問題や設備メンテナンスの問題も合わせ持っているのですが、摩擦力の観点からは共通性が見えてきます。

　これらの事例により「摩擦力は（経年劣化によって）低下する」あるいは「低下した摩擦力で停止できるかを確認する」と失敗知識化すれば、「装置のどこかに摩擦力を使っていないか」と探すきっかけにつながります。そして摩擦力が見つかれば、「摩擦力が減少したとき問題が起きないか」と状況を想定できます。危ない事態が想定できれば、対策は考えられるのです。

　しかし、共通性といっても現象の表面だけを見ていては、役立つ知識とはなり

(a) 自動車のパワーウィンド
(b) 電気ポット
(c) クッキングヒータ

図 7.3　スイッチは意識しないと……

ません。扇風機もテレビも冷蔵庫もスマホも発火した事例があります。ここから「電気製品は発火に気をつける」と括っても、「じゃあ、どうやって気をつけるの？」となるだけです。それぞれに、熱による部品の劣化、経年劣化による絶縁耐力の低下、結露による水分付着、過熱による電池の損傷といったメカニズムのレベルで考えます。

　私たちの身の回りには、危険に対する多くの予防策が見られます。「なぜこうなっているのか」を考えるように習慣づけます。そうすれば、それらの予防策も見えてきます。さらに、デザインするときにも注意が働くようになります。

たとえば、自動車のドアの肘掛けにあるパワーウィンド・スイッチは、窓を閉めるためには引き上げるようになっています（図 7.3 (a)）。これは、肘掛けに登った幼児がスイッチを踏んでも窓に挟まれないようにするためです。あるいは電気ポットには「給湯」ボタンの他に「ロック解除」ボタンが備えられています（図 7.3 (b)）。これは、誤って熱湯を出さないための安全ロック解除ボタンです。他にも、クッキングヒータの操作スイッチは、トップ面またはパネル面より奥に引っ込めた側面に配置してあります。これは、側面に出っ張った操作スイッチが腰や鞄で誤って押され、火災が発生した事案があったからです[18]（図 7.3 (c)）。

　それぞれのスイッチには、それぞれ別の予防策が採用されていますが、いずれも「無意識に」押されたことによる事故を未然に防ぐアイデアです。これらのことからは「スイッチは、無意識に押されることがある」あるいは「スイッチは、意識しないと入らないようにする」と失敗知識化できるでしょう。この失敗知識を持っていれば、次にスイッチをデザインするときに、失敗の可能性を想定できます。テレビのリモコンなら無意識に押されても問題にはなりませんが、電動シャッターのリモコンが無意識に押されては挟まれ事故につながりかねません。

iii 失敗知識を活用する

　新製品開発における不具合の 90% は、それ以前の開発において経験したものといわれています[19]。ですから、開発担当者やチームには未経験の不具合であっても、ベテランには既知であり、他業界では広く知られているものもあるでしょう。したがって、不具合の再発を防ぎ、安全かつ信頼できるデザインとするためには、過去の失敗原因を分析し、それに基づく再発防止のための知識を個人として、チームとして、組織として共有することが求められます。

　知識を新しいデザインに確実に反映するためには、PDCA（Plan - Do - Check - Act）サイクルを用います。3.2 で述べたように JIS などの規格や標準は、機能を成功させるための「方法」です。ですから新しいデザインであっても、使えるところには規格品を用います。そして過去の失敗を回避する方法を、社内の設計標準やデザイン・プロセスに組み込みます（Plan）。次に、これらの標準やプロセスを、デザインに活用します。新設計の箇所はデザイン・レビューを実施するなど、デザイン・プロセスに従ってチェックします（Do）。そして、できあがったデザインが、目標とした性能と信頼性、安全性を有しているかを、使用さ

図7.4 デザインは失敗の想定と回避のプロセス

れている製品から判断します（Check）。目標に達していないとき、なぜそうなったかを究明します。このとき、標準やプロセスの使用に漏れがあったならばその原因を、用いられていたにもかかわらず失敗が生じたのであれば、それらのどこに問題があったのかを解明し、標準やデザイン・プロセスをシステム的に改良します（Act）。

PDCAサイクルにより、個人の技術や経験を組織として蓄積します。その組織の知識をそれぞれのエンジニアに展開し、失敗を未然防止します。

iv 失敗の種に気づくために

標準やデザイン・プロセスを定め、PDCAサイクルを用いれば、失敗を未然に見つける機会は用意されます。しかし、機会を用意しただけでは失敗はなくせません。失敗を防ぎ、安全かつ信頼できるデザインを作るためには、エンジニアの「気づき」が重要です。そして「気づき」を得るためには、失敗から学び、失敗する可能性を想定することが必要です。

失敗に遭遇すれば、その失敗をトップ事象としてFTAツリーを作ってみます。

そこでは原因までの道筋がいくつも見えてきます。道筋が想定されれば、どこかで断ち切るアイデアがあるはずです。

　分野を超えて同じ種類の失敗要因が現れるのですから、一見、自分には関係なさそうな分野の事例であっても、同じような道筋に出会わないかを考えます。ローナンポイントの崩壊事例からは、「機能の実現手段（構造、材質、仕組み）を変えたときは、その機能を失う可能性を想定する」と失敗知識化できるでしょう。このように考えていたら吸気ホースを2本に分けた暖房機も、それぞれのホースの機能喪失を想定できたかもしれません。

　タコマ海峡橋あるいは六本木自動回転ドアの事例からは、「見た目を改良したくなったら、なぜそのデザインとなったかを解き明かす」と知識化できるでしょう。初心者は、理由があってそうなっているデザインを、その理由を考えないで変更しがちです。なぜそうデザインされたかを理解していないからです。理解がなければ、その機能を成功させている本質を失っても気づくことはできません。

　機能があれば、その機能を達成できなくなったときの影響を考えます。さらにそれらの機能喪失が、信頼性や安全性に関する危険因子（ハザード）とならないかを想定します。想定さえできれば、対応する策をデザインできます。

　とはいっても、失敗を未然に防ぐことは簡単ではありません。デザイン・プロセスの整った自動車メーカーであっても、デザインの見落としは生じます。たった一箇所のスイッチの設計変更での見落としが、127万6,000台ものリコールとなった例もあります。[20]

　それでも人間は、他人の失敗から学ぶことができます。そして学んだ知識を展開することもできます。失敗知識からの類推ができれば、それだけ自らのデザイン力も高まります。成功した先例だけでなく過去の失敗を学び、それを省みることは、次のデザインをより優れたものとします。

　なぜなら、デザインは失敗の想定と回避のプロセスだからです（図7.4）。

(1)　中尾政之、『続・失敗百選』、p. 82、森北出版、2010
(2)　中尾政之、『失敗百選』、p. 132、森北出版、2005
(3)　同、p. 137
(4)　同、p. 213
(5)　同、p. 280

(6) 自動車事故対策機構、衝突安全性能試験の概要、http://www.nasva.go.jp/mamoru/assessment_car/crackup_test.html
(7) ミレニアムブリッジ、https://www.youtube.com/watch?v=gQK21572oSU
(8) アルバートブリッジ、http://www.londontown.com/LondonInformation/Sights_and_Attractions/Albert_Bridge/0f61/
(9) 『トンネル天井板の落下事故に関する調査・検討委員会 報告書』、平成25年6月18日、http://www.mlit.go.jp/common/001001299.pdf
(10) 現在の橋梁には鋼（はがね）とよばれる強度を高めた鉄が使われていますが、まだ18世紀には鋼を大量に生産することはできませんでした。鋳鉄（ちゅうてつ）は溶融させて型に流し込んで固まらせる鋳造（ちゅうぞう）により作られます。炭素を多く含むため、圧縮強度には優れますが引張り強度に劣る性質があり、建造物への使用は限られます。一方、錬鉄（れんてつ）は炭素の含有量を下げ、引張り強度と延性（ねばり）を高めた鉄です。錬鉄によってつり橋が可能となりました。パリのエッフェル塔も錬鉄で作られています。
(11) F.B. Farquharson, University of Washington, Tacoma Narrows Bridge Failure, https://archive.org/details/uwlibraries_oclc892993126_tacoma
(12) 畑村洋太郎、『ドアプロジェクトに学ぶ』、日刊工業新聞社、2006
(13) Ronan Point, Wikipedia, https://en.wikipedia.org/wiki/Ronan_Point あるいは、失敗百選～高層アパートのガス爆発による連鎖崩壊～、http://www.sydrose.com/case100/221/
(14) 中尾政之、宮村利男、『知っておくべき家電製品事故50選』、p. 75、日刊工業新聞社、2010
(15) ヘンリー・ペトロスキー、『橋はなぜ落ちたのか——設計の失敗学』、p. 25、朝日選書、2001
(16) 同、p. 130
(17) 『続・失敗百選』、p. 117
(18) 『続・失敗百選』、p. 169
(19) 鈴木和幸、『信頼性・安全性の確保と未然防止』、p. 27、日本規格協会、2013
(20) トヨタ自動車工業：カローラ、ヴィッツなど17車種のリコール、届出番号1542、外・1261、2005/10/19、http://toyota.jp/recall/2005/1018.html

8. 新しいデザインで未来を切り拓くために

この最後の章では、読者が次に作るデザインをよりよいものとするために考えるべきこと、行動すべきことなど、いくつかのポイントを展開します。デザインとは、未来のクライアントへのプレゼントです。そしてエンジニアリング・デザインは、最高のプレゼントを作るためのプロセスです。

8.1　よい設計情報とは

i　知覚された品質

読者もこれまでに、いくつものエンジニアリング製品を買ったことでしょう。シューズ、腕時計、カメラ、シャープペンシル、自転車、バッグ、スマホ、ヘッドホン、CADソフト、テーブル、マイコン……。

これまでに使った製品を、思い出してください。それらを使ったときにどう感じましたか。

使いやすい？	使いにくい？
性能がよい？	不十分？
買って得した？	買って損した？
楽しい？	つまらない？
洗練されている？	ダサい？
よく作られている？	作りが雑？
ワクワクする？	たいくつ？
何も感じなかった？	

「何も感じなかった」ことはないはずです。消しゴムを使ったときにも、「すぐ

消えた」「カスが多かった」「きれいに消えた」など何らかの印象を抱いたはずです。何かを感じ取ることが重要です。そしてその印象が、製品のどの属性からくるのか、それを考えます。

　製品は、クライアントの満足を第一の目標としてデザインされています。製品に満足を感じたなら、どの属性に共感したのでしょうか。たとえば、あるバッグを持って歩くときに安心を感じるとします。では、なぜその製品に安心感があるのでしょうか。持ちやすさからでしょうか。服とのマッチングからでしょうか。他のバッグと何が違うのでしょう。材質でしょうか。ポケットの多さでしょうか。不満があるならどの属性にあるのでしょう。ショルダーストラップの滑りやすさでしょうか。A4のファイルが入らない大きさでしょうか。それを分析することから始めます。自分が何に満足／不満を感じたかがわからないようでは、クライアントを満足させるデザインを作ることはできません。

　クライアントの満足は、クライアントがその製品をどう捉えたか、すなわち「知覚された品質」によって決まります。そして同じ製品に満足を感じた人がいるとしても、ある人は性能に、ある人は使いやすさに、そしてある人はブランドに満足したのかもしれません。知覚された品質は、このように製品の属性の一部からやってきます。人は、そのどこに魅力を感じるのか。まずはそこから考えましょう。

　もちろん同じ製品に、満足する人もいれば満足しない人もいるでしょう。他のすべてがよくても、どこか一部でも使いにくさを感じたり、雑に作られたと感じると、その製品への満足は生まれません。製品デザインは、部屋の掃除のようなものです。きれいに掃除されたように見えた部屋も、隅にひとつゴミがあれば、その印象は崩れます。細部まで意識してデザインされていなければ、知覚された品質は高まりません。

　たいへんに捉えにくいパラメータであり、そして人それぞれに捉え方が異なるのですが、知覚された品質は製品の評価となります。その評価が高くなければ、そのメーカーの製品を「もう一度買おう」とは思ってもらえないでしょう。

　B2C製品は個人で使うものですが、B2B製品は違います。ですから、知覚された品質は関係ないと思われるかもしれません。でも、考えてみてください。あるメーカーのパーツを使ったとします。製品に組み込んだときにも何の問題もなく動作しています。ところが出荷したところ、客先で故障が頻発します。あなたはそのパーツを次も使いたいと思うでしょうか。B2B製品であってもユーザは

8. 新しいデザインで未来を切り拓くために

人間です。仕事で使うとしても、使いやすいペンなのか使いにくいステープラなのかの品質を感じます。B2B製品においても、知覚された品質は重要です。

デザインする側から考えるなら、ユーザがどう感じるかをデザインに組み込むことがポイントです。それができるようになるためには、まずユーザとして製品を感じることが大切です。

ii 美しさ・洗練

読者がこれまでに使って、嬉しくなった、感心した、重宝しているなど、何らかの価値を感じた製品を思い出してください。その製品は使い込まれて古くなっていたかもしれませんが、美しく、洗練されていたでしょう。毎日使っていたとしても、美的にイマイチだと感じられる製品に愛着は湧きません。

美しくといっても、人目を引く意匠である必要はありません。機能美にあふれ、細部まで作り込まれているかどうかです。

そして見た目の形だけではなく、使いやすいデザインとなっていたかどうかも重要です。切れ味は申し分ないカッターナイフであっても、握った感じがフィットしなければ洗練されているとは感じられません。

エンジニアリング製品は、美術品ではありません。眺めて楽しむものではなく、使うためのモノです。それでもやはり、使っている製品がニューヨーク近代美術館に飾られていれば、使う喜びも増すでしょう。

たしかに、美的感覚は人によって異なります。ある人はカッコイイと思っても、ある人はダサいと感じるかもしれません。また、時代によって、地域によって、人々のライフスタイルによって、好まれるデザインも変わります。知覚された品質と同じく、「美しさ・洗練」も属人的なパラメータです。それでもなお、ヒットした製品は、ある種の洗練された美しさを備えています。

美しさと洗練もまた、製品選択の動機となります。毎日使う製品がダサければ、次に買うときには別のメーカーでと思うでしょう。

iii 機能と性能

知覚された品質、美しさ・洗練は、いずれも選ばれる製品に欠かせないパラメータです。しかし、それ以前に製品には、基本となる品質が備えられていなけ

ればなりません。クライアントは、要求を解決するための手段として製品を求めます。エスプレッソマシンを買うクライアントは、「コーヒーを美味しく飲みたい」と考えて購入します。マシンを磨いて眺めるために購入するのではありません。メイン機能である「美味しいコーヒーを作る」を実現する装置であることが、基本となる品質です。そして「操作が簡単」「片付けが楽」などのサブ機能も充実し、「スイッチを入れてすぐに使える」「すぐにコーヒーができる」などの使いやすさの性能も、基本品質として求められるのです。

　クライアントの求める機能と性能が実現されていることが、製品としての前提条件です。前提条件が崩れていては、知覚された品質も最悪となるでしょう。

iv　信頼性・耐久性

　あなたが先月、エスプレッソマシンを買ったとします。毎朝美味しいコーヒーを楽しんでいたのですが、2週間後、突然に動かなくなりました。メーカーに文句をいい、新しい装置に交換してもらいましたが、1週間後、今度は突然に不味いコーヒーが作られるようになりました。あなたは再度メーカーに文句をいいますが、「次は別のメーカーのものを買うぞ」と心に決めるでしょう。

　過去に「信頼性・耐久性」が低いものを使ったのなら、そのメーカーの製品を「もう一度買おう」とは思わなくなるでしょう。反対に、世界中を抱えて飛び回り、どこの客先でもホテルでもカフェでも電車でも、きちんと動いたノートパソコンなら、次も同じメーカーのものを買おうと思うでしょう。

　いうまでもなく、信頼性・耐久性も重視されるポイントです。買ってすぐに壊れる製品では、クライアントに愛想をつかされます。

8.2　よい設計情報を作るために

　知覚された品質、美しさ・洗練、機能と性能、信頼性・耐久性。これらはすべてエンジニアリング・デザインで作られる品質です。いうまでもなく、できあがる製品のよし悪しは、設計情報で決まります。そして優れた設計情報は、細部まで意識が行き届いたものです。

　設計情報を、細部まで細心の注意を払って仕上げるのは、エンジニアです。い

いかえれば、エンジニアが作る属性や特性が優れていなければ、優れた設計情報とはなりません。

では、優れた設計情報を作るエンジニアとは、どのような属性を備えた人たちでしょうか？

人間に対する好奇心

設計情報を使うのは人間です。クライアントが何を求めているのか、ユーザがどのような状況で、どう製品を使うか、を理解するためには、人間と文化に対する興味を持ち、ユーザを理解し、共感を持って考えられる人です。

モノに対する好奇心

世の中は、うまくいっている解決案と、まあまあの解決案で満たされています。それらがどうしてうまくいっているのか、なぜまあまあで止まっているのかを興味を持って観察し、分析的に物事を考える能力を持っている人です。クライアントに対してデザイン案を提示するのがエンジニアです。

いろいろな分野への好奇心

いろいろな話題に展開できる人と話すのは楽しいことです。その話題を広げていける人、つまり自分からいろいろなことに興味を持つ人です。もちろんエンジニアは、自分の専門分野に精通することが必要です。ですが、そこに閉じこもっているだけでは創造性を広げられません。いろいろな分野に興味を持つ人は、あらゆるところからアイデアの種を拾う人であり、あらゆるところへと提案できる人です。

想像力・提案力

エンジニアリングも「売ってナンボ」の世界です。売れなければ商売は成り立ちません。そして売るためには、デザインを作らなければなりません。いくら観察して分析したところで、アイデアを発想し、提案できる力がなければエンジニアはつとまりません。自分で発想しなくても、アイデアを、どこからか見つけて来れればOKです。人と人のアイデアをつなげることもよいでしょう。知られているアイデアであっても他への応用を見つけられれば使えます。

デザインを想像し、提案としてまとめる力を持つ人です。

トータル品質に対する理解、あるいは柔軟性

　製品としてのトータル品質、ただしクライアントに求められる品質を高めることがエンジニアリング・デザインの目標です。そこでは、部分品質とトータル品質とのバランスをとりながらデザインできる柔軟性が求められます。同時に柔軟性は、自分のこだわりと周囲のバランスをとることです。他人からの意見も否定せず、とりあえず受け入れ、それから調整を図る柔軟性が必要です。

楽しく集中して、持続的に取り組める

　細部まで意識を配るためには、集中して、さらに持続して考える力が必要です。デザインには多くの要求と条件を組み込まなくてはなりません。それらを忘れることなく、バランスをとりながらデザインをまとめます。楽しみながら集中して、ときどき息抜きをしながら持続してデザインに向かえる人が、よいデザインを作り上げます。

コーディネート能力

　設計情報は、ひとりで作るものではありません。デザインは依頼を受け、あるいは提案した後に、開発費を獲得し、チームと協力し、クライアントと折衝し、製造担当と話し合い、セールスやマーケティング担当と協議しながら協力して進めます。その場の中で、「あの人がいうなら」「あの人のためなら」と信頼される人であれば、多くの人たちから協力を得られるでしょう。人々の協力をデザインへと展開できるエンジニアには、サポーターも集まってくるでしょう。

よく考えて、作ってみて、改良する

　考えもなしにやる人は、考えるばかりで何もしない人よりはマシかもしれませんが、考えれば成功がないとわかることまでやってしまうものです。考えるばかりで手が動かない人は、評論家にはなれるかもしれませんが、何も生み出せません。「解決案を重視する戦略」のように、エンジニアは提案をしながら仕事を進めます。作ることに躊躇していては、何もできません。

　考えて作るから、エンジニアも進歩できるのです。考えて作ったなら、そこで何かに「気づく」はずです。業務はいつも、時間とリソースの制約を受けていますから、「パーフェクト」には届かないことが多いでしょう。それでも、その中

8. 新しいデザインで未来を切り拓くために

図 8.1　最高のプレゼント

での最善を狙って考え、作り、改良を繰り返したはずです。考えているから、その足りないところにも気づき、次にどう改良するかを考えることができるのです。

よりよいデザインに向けて改良できること。それがよい設計情報を作るために必要な能力なのです。

8.3　未来のクライアントへのプレゼント

設計情報を作ることは、プレゼントを作ることと同じです。

恋人にプレゼントを贈るときには、相手が何を必要としているのかを考えるでしょう。それに対して自分が何を満たしてあげられるかを考え、そのプレゼントをどう使ってもらえるかを想像し、使っているときにどういう気持ちになってもらえるかを考えるでしょう。相手のことを思い、制約の中で自分にできるベストを選ぶはずです。

設計情報も同じです。クライアントが真に求めていることは何かを見つけだし、メーカーとしての自分たちは、どのようにサポートできるのかを考えます。そこにはエンジニアとしての、またメーカーとしての哲学や価値観が表れます。製品を通じて世の中をどう変えられるのか。家事のちょっとしたイライラをなくす。

243

仕事や勉強に集中力をもたらす。休みの日をより楽しめるものにする。よりよいデザインを作れるようにする……などなど。クライアントに贈ることのできる価値が何であるかを考え、それを作ります。

　設計情報は未来のクライアントへのプレゼントです。エンジニアリング・デザインは、最高のプレゼントを作るためのプロセスなのです（図8.1）。

参考文献

　より深くエンジニアリング・デザインを探求していただくための参考文献を紹介します。

　まずは、エンジニアリングにおけるデザインとは何かを考えるために。

(1)　ブライアン・W・アーサー、日暮雅通訳、『テクノロジーとイノベーション』、みすず書房、2011

　アーサー教授は、テクノロジーとは何か、なぜこのような構造となっているのか、どのように進化し、発展するのか、自己増殖性を持つメカニズムはどこから来るのかなど、示唆に富んだ深い考察を展開しています。経済学者の手によるものですが、エンジニアリングを考えるためには必読です。

(2)　藤本隆宏、『日本のもの造り哲学』、日本経済新聞社、2004

　デザインとは、クライアント要求などの「情報」を集め、設計図となる「情報」を作り出すプロセス。こう考えると、エンジニアリングの「営(いとなみ)」と取り巻く環境がすっきりと整理されます。

(3)　ジェイムズ・L・アダムズ、石原薫訳、『よい製品とは何か』、ダイヤモンド社、2013

　品質とは何か？　製品の「よい／悪い」とはどのようにユーザに認識されるものなのか？　これらは複雑で込み入った概念ですが、本書では技術的、感情的、市場的、美的にまでわたり議論し、「よい製品は作り手にも喜びをもたらすもの」と結んでいます。

発想法に関しては、この名著を忘れるわけにはいきません。

(4) 川喜田二郎、『発想法』、中公新書、1967
(5) 川喜田二郎、『続・発想法』、中公新書、1970

いわずと知れたKJ法の川喜田先生です。私の手元にあるものは『発想法』が2002年の76版、『続・発想法』が2003年の54版。版を重ね、多くの人に読み継がれている方法論の決定版です。本書を読み、試してみましょう。必ず参考になります。

6章ではデザイン技法を紹介しました。これらの技法をより実践的に学びたい方には以下をお勧めします。

TRIZ

(6) Darrell Mann、中川徹監訳、『TRIZ実践と効用 1A 体系的技術革新 改訂版』、クレプス研究所、2014

TRIZ研究者ダレル・マン著の邦訳です。480ページもある分厚い本ですが、わかりやすく詳述されています。本書ではごく一部である矛盾マトリクスしか紹介できませんでしたが、TRIZには他にも技術システムの進化法則、物質-場モデル、九画面法など多くの技法があります。何よりもTRIZの考え方を知ることが、この上ない勉強になります。

VE

(7) 土屋裕監修、産能大学VE研究グループ、『新・VEの基本』、産業能率大学出版部、1998

日本バリューエンジニアリング協会の研修で使用している書籍です。スタンダードな教本です。

QFD

(8) 赤尾洋二、『品質展開入門』、日科技連出版社、1990

(9) 大藤正、小野道照、赤尾洋二、『品質展開法（1）』、日科技連出版社、1990

QFDの古典ですが、いまなお決定版だと思います。どんな分野でもそうでしょうが、結局のところ、原典をひもとかなければ学べないことがあります。

信頼性

(10) 鈴木和幸、『信頼性・安全性の確保と未然防止』、日本規格協会、2013

すべての製品には信頼性と安全性が求められます。それらの性能も、誰かがデザインしなければできあがりません。信頼性をデザインするためには、何をどう考えればよいのか。要点がわかりやすく解説されています。

7章で議論した失敗学に関しての書籍です。

(11) 畑村洋太郎、『失敗学のすすめ』、講談社、2000

失敗学の創始者である畑村先生が、失敗学とは何者か、なぜ必要なのか、どう活用すべきかを記されています。

事例に対する失敗学のアプローチとしては、

(12) 畑村洋太郎、『ドアプロジェクトに学ぶ』、日刊工業新聞社、2006

この書籍が参考になります。失敗の経験を共有し、次のデザインへと結びつけるためのアプローチと失敗を解き明かすプロセスが語られています。

(13) 中尾政之、『失敗百選』、森北出版、2005

(14) 中尾政之、『続・失敗百選』、森北出版、2010

同じような失敗が、時を超え、分野を超えて現れます。それを防ぐためには、

何を学び、どう考えるか。事例とともに議論されています。

(15) ヘンリー・ペトロスキー、中島秀人、綾野博之訳、『橋はなぜ落ちたのか──設計の失敗学』、朝日新聞社、2001

　デューク大学土木工学科教授であり、科学技術史家としても多くを著されている著者が、橋梁をテーマにデザインの成功と失敗を論じています。本書での考察は、土木分野に限らずあらゆるエンジニアリングに普遍的なものです。多くの示唆を得られる1冊です。

　最後に、日本のエンジニアリングに関してはこちらを。

(16) 濱口哲也、『失敗学と創造学』、日科技連出版社、2009

「失敗学とは、新しいデザインを作るための基礎となる学問である。そして未体験の新たな製品を作り出すための発想法が創造学である」と濱口先生は語られているように思います。「守りから攻めの品質保証へ」とサブタイトルにあるように、品質抜きでは新たなデザインは作れません。頭の使い方のためにも参考になります。

おわりに

　私とエンジニアリング・デザインとの出会いは、2006年にカリフォルニア大学サンディエゴ校で行なわれたEngineering Design Processセミナーでした。そこではTony Gennaから、デザインを作るための考え方や技術、プロセスを学びました。当時の私にとってその内容は、新鮮で驚きに満ちたものでした。未知な内容もありました。白状しますがVEもQFDも、名前を聞いたことはありましたが、その内容はほとんど知りませんでした。しかしそれ以上に、デザインを考えるときのプロセスや意思決定法が、定式的な手法として文字で語られていることに驚きました。

　Tony先生は研究者ではなく、長年、軍需メーカーで開発に携わっていた方です。デザイン・プロセスのモデルなどを、さも常識のように教えてくれましたが、「アメリカまで来なくてもengineering designは日本で勉強できるだろうに」と冗談交じりにいわれていました。しかしその頃はまったく、そして今でもわずかにしか、日本の工学部や高専ではエンジニアリング・デザインは教えられていないと感じます。

　セミナーの内容は日本の学生にも有用だと確信し、そこで、教科書として用いたうちの1冊、Nigel Cross, "Engineering Design Method"を同僚とともに邦訳しました。また、この本の他にも、数冊のアメリカの教科書を読みました。そうして私は、米英では製品開発のプロセスをengineering designとよぶのだと理解したのです。

　ただ当時、漠然とではありましたが、米英でのengineering designは日本メーカーでの製品開発プロセスとはどこか違っているように感じました。それをTony先生に尋ねると、「自分は日本のメーカーでは働いた経験はないから」と笑いながら返されました。

　私は、メーカーに勤めたことはありません。ですので、日本メーカーの開発プロセスを教えてくれる文献を探しましたが見つかりません。メーカーにおいても、日本的OJTなのでしょうか、「開発は、入社してから体験で覚える」です。この

ように「黙して語らず、やり方は盗め」とする「暗黙知」はわが国のスタイルではあります。しかしこれでは、プロフェッショナルを育てることはできますが、そのまま教育として広げることは難しくなります。さらに、言語化していなければ、それを対象として客観化して考えることもできません。

そこで私は、機械、電機、家電、自動車など十数社のメーカーを訪ねては、設計開発担当のエンジニアたちにインタビューをしました。彼らはそれぞれに、そのメーカーでのデザインの進め方を語ってくれました。そのうちに、漠然と抱いた違和感はこれだったのか、と思うようになりました。

日本製品の強みを生み出している点は、徹底的なユーザ指向、そして品質重視と製造にも重点をおいたデザインにあると考えます。そしてそのデザイン・アプローチによって1980年代以降、世界に冠たる"Made in Japan"ブランドを確立しました。

しかし、日本的ユーザ指向アプローチは、製品に関連することだけに集約されているように感じます。ユーザに応える製品としては徹底的に最適化が図られますが、クライアントのニーズを、その根底まで掘り起こそうとの意識が薄いようです。これが製品の改善にばかり注力し、主体的にマーケットを変革させようとの発想につながらない要因だと感じます。そしてこの局所最適化に走る傾向が、近年の国際競争における苦戦の原因のひとつではないかとも思います。

これに対してアメリカの教科書は、ユーザを指向し、何を作るかとの議論は深いのですが、安全で信頼できる製品を作るという品質の議論は弱いように感じます（だからこそ、あの国はソフトウエアで圧倒的に強いのでしょう）。

「はじめに」にも記しましたが、アメリカにおける engineering design 教育は、1980年代の日本製品の躍進に対する徹底的な分析、そしてその対策案のひとつとして始まりました。アメリカの教科書がユーザ指向を語るのは、それも日本製品に学んだからだと考えます。「日本で優れていたのは生産技術だけで、何も新しいものを開発してはいない」との論調を目にしたこともありますが、無定見な決めつけのように思います。日本的デザインのアプローチは、わが国で作り上げられたものです。それを用いて優れた製品を作り出してきました。労働コストが低いだけの安物を作っていたのではないことは、1ドル＝250円くらいであった時代から100円近くとなった今日でも、相当な国際競争力を維持していることからも明らかです。

おわりに

　もしも日本的デザインのアプローチに弱点があるのなら、改善を考えて実施すればよいのです。ただし、改善を考えるためには、対象をよく知り、何が課題であるかを解き明かさねばなりません。そのための分析力が（私も研究していないのですから大きなことはいえませんが）、わが国は弱いのではないかと感じます。アメリカという国は、対象に対して徹底的に調査分析を行ないます。現在、中国や韓国との競争に苦戦しているのであれば、その理由を徹底的に分析すべきでしょう。想定できれば失敗は回避できるように、理由が明らかになれば、対応策を作ることはできるはずです。

　そして弱点があったとしても、日本的デザインのアプローチは、強力なものであることはたしかです。そうであるならば、これを学ばない手はありません。しかし残念なことに、日本の学生には、素晴らしい製品を作り出しているこのアプローチを学ぶ教科書がありません。

　それなら、「私が『エンジニアリング・デザインの教科書』を書いてみよう」と思い立ちました。エンジニアにインタビューしたのも私自身がデザイン・プロセスを学ぶためだけではなく、どうやってデザインを作り上げているかを、未来を支える人たちに知ってもらい、デザインを作るためには何を学ぶべきかを考えてもらいたいと願ったからです。

　読者には、最後までお読みいただいたことを御礼申し上げます。暗黙知であったわが国のエンジニアリング・デザインを言葉に表そうとの私の目標は、いくばくかでも達成されていましたでしょうか。読者諸兄のご意見をぜひお聞かせいただきたいと願っています。本書が、諸兄とともにデザインのアプローチを改善し、さらなるデザインの飛躍の一助とならんことを願っています。

2018 年 1 月

別府俊幸

索引

5W3H 39, 47, 61, 137, 155
ANSI 73
B2B 25, 62, 137, 238
B2C 62, 238
DR 132
FMEA 200, 202
FTA 201, 210, 234
ISO 73
JIS 56, 71, 72, 182, 201, 233
PDCA 233
QFD 181, 196
QMS 182
RoHS 71
RPN 208
TRIZ 159, 230
UL 71
VE 168, 181
VOC 46, 52, 54, 128, 181, 183, 188, 191
アイデア 96, 98, 101, 105, 157, 159, 230
アイテム 57
アセンブリ 57
当たり前品質 44, 56, 185
安全 56
安全性 56
一元的品質 44

影響解析 202
エンジニアリング 16, 19
エンジニアリング・デザイン 14, 16, 19, 39, 43, 93, 121, 148
エンジニアリング・デザイン・プロセス 15, 22, 120
解決案を重視する戦略 36, 38, 47, 242
開発プロセス 126
拡散的思考 96, 101
過剰品質 45, 53, 55, 94
価値 65, 76, 82, 84, 124, 140, 154, 168, 170, 239, 244
狩野モデル 44
環境条件 40, 46, 66, 67, 121
環境負荷 67
ガントチャート 129
企画品質 192
機能 39, 79, 82, 84, 85, 90, 93, 124, 140, 143, 144, 157, 168, 170, 177, 181, 224, 233, 239
  機能解析 86
  機能設計 148
  機能喪失 228
  機能の境界 139
  サブ機能 143, 149, 157
  メイン機能 143, 149, 157
究極の理想解 160
クライアント 24, 32, 43
  クライアント価値 43, 63, 69, 76, 93, 126, 132, 139, 148, 152
  クライアント要求 29, 31, 33, 34, 40, 43, 45, 50, 53, 58, 63, 74, 121, 130, 146, 149, 157, 188, 201

KJ 法 105
原始データ 183
構成要素 150
顧客の声 46, 181, 197, 201
故障 201
 故障の木解析 210
 故障メカニズム 202, 206, 209
 故障モード 202, 206, 209
コスト 168, 170
コスト分析 177
コンカレント・プロセス 130
自工程完結 132, 152
思考の階層 230
実現手段 84, 85, 144, 157
失敗知識 75, 217, 223, 233
シミュレーション 221
収束的思考 96, 101
修理アイテム 201
手段 17, 31, 32, 44, 61, 65
 サブ手段 157
 メイン手段 157
仕様 132, 146, 150
上位概念 223
使用環境 68
詳細設計 130, 149
衝突安全性能試験 220
信頼性 56, 201, 240
 信頼性設計 201
 信頼性ブロック図 204
制御安全 227
製造設計 130, 149, 151
製造物責任法 71
製造プロセス 22, 119, 121

性能 140, 239
性能品質 44, 185
製品コンセプト 131, 132, 139, 142, 145, 148, 154
製品・システム企画開発設計方法論 15
製品プラン 38, 115, 132, 136, 153
製品プランニング 132, 135
制約条件 46, 58, 70, 121
設計解 123
設計上の標準使用期間 58
設計情報 121, 123, 125, 132, 152, 154, 237, 240, 243
設計品質 182, 194, 201
セールスポイント 192
想定外 39, 67, 217, 218
知覚された品質 237, 239, 240
長期使用製品安全表示制度 58
ディペンダビリティ 201
テクノロジー 16
デザイン 13, 14, 19, 22, 33, 46, 62, 74, 79, 84, 86, 94, 96, 121, 132, 138, 146, 152, 157, 169, 181, 217, 218, 221, 225, 229
デザイン・プロセス 74, 119, 121, 124, 126, 128, 130, 131, 132, 139
デザイン目標 33, 45, 50, 51, 65
デザイン・レビュー 46, 75, 132, 133, 149, 233
デバイス 57
デファクトスタンダード 72
手戻り 75, 133, 134, 145
電気事業法 68

電気用品安全法　58, 71
動作　201
道路運送車両法　71
トップ事象　201, 211, 234
二元表　182, 190
日本工業規格　56
ねらい品質　182
バリューエンジニアリング　168
PL法　71
非修理アイテム　201
評価基準　46, 74
品質　44, 53, 67, 124, 132, 153, 174, 181, 185, 190, 228, 237, 239, 240, 242
品質機能展開　181
　品質特性　182, 190, 201
　品質特性展開表　190
　品質表　182
　品質要素　190
品質保証　201
フェイルセーフ　209
フォーカスグループ　52
不完全に定義された課題　32
部品特性　195
ブラックボックス　86
ブレインストーミング　98, 100, 101, 106

ペルソナ　47, 115
保全性　201
本質安全　227
未然防止　141, 221, 230, 234
魅力的品質　44, 52, 185
矛盾マトリクス　163
目的　17, 29, 31, 44, 61, 65
目的と手段　55
目標　132, 146
目標ツリー　63, 65
ユーザ　24, 34, 40
ユーザシナリオ　46, 50, 115
ユニバーサル・デザイン　70
要求　16, 29, 32, 36, 51, 85, 142, 143, 144
　要求機能　201
　要求項目　184
　要求品質　182, 185
　要求品質ウエイト　193
　要求品質重要度　191
　要求品質展開表　188
　サブ要求　142, 146, 149
　メイン要求　142, 146
40の発明原理　161
ライフサイクルコスト　57, 74, 160, 169
レベルアップ率　192

別府俊幸（べっぷ としゆき）

松江工業高等専門学校電気情報工学科教授。1961年鳥取県生まれ。専門分野は、エンジニアリング・デザイン教育、電子回路、制御工学。東京電機大学大学院、東京女子医科大学日本心臓血圧研究所を経て現職。博士（医学）、博士（工学）。その他、オーディオ自作派ライターとしても活動中。
訳書に、『エンジニアリングデザイン──製品設計のための考え方』（ナイジェル・クロス著、共訳、培風館）、著書に、『オペアンプからはじめる電子回路入門』（共著、森北出版）、『メカトロニクス電子回路』（共著、コロナ社）、『OPアンプMUSESで作る高音質ヘッドホン・アンプ』（CQ出版）などがある。『コミック エンジニア物語──未来を拓く高専のチカラ』（平凡社）では企画立案、編集長を担う。

エンジニアリング・デザインの教科書（きょうかしょ）
発行日　2018年4月11日　初版第1刷

著　者　別府俊幸
イラスト　まがみばん
作　図　上山愛理＋石田毅
編　集　MICHE Company 浦田雅子
発行者　下中美都
発行所　株式会社 平凡社
　　　　東京都千代田区神田神保町3-29
　　　　〒101-0051　振替 00180-0-29639
　　　　電話 03(3230)6582［編集］　03(3230)6573［営業］
　　　　ホームページ http://www.heibonsha.co.jp/
装　幀　石田毅
印刷・製本　株式会社東京印書館

ISBN978-4-582-53225-8　NDC分類番号501.8
A5判（21.0cm）　総ページ256
© Toshiyuki BEPPU 2018 Printed in Japan

落丁・乱丁本のお取替えは、直接小社読者サービス係までお送りください
（送料は小社で負担いたします）。